Toro-lalan'ireo satrapotsy (*palmier*) *eto Madagasikara*

John Dransfield, Henk Beentje, Adam Britt,
Tianjanahary Ranarivelo sy Jérémie Razafitsalama

Kew Publishing
Royal Botanic Gardens, Kew

PLANTS PEOPLE
POSSIBILITIES

Tontosa ny fanotana an'ity boky ity noho ny fanohanana ara-bola nataon'ny
Banky Iraisam-pirenena/Bank Netherlands Partnership Program.

Nivoaka voalohany ny 2006
Royal Botanic Gardens, Kew
Richmond, Surrey, TW9 3AB, UK
www.kew.org

ISBN-13: 978 1 84246 179 2
ISBN-10: 978 1 84246 179 6

British Library Cataloguing no namoaka ny boky
Manana dika iray an'ity boky ity ny British Library

Tompon'andraikitra amin'ny famoahana voalohany ny boky: Michelle Payne
Nandravona sy nanamboatra ny pejy: Margaret Newman
Nikirakira ny endriky ny boky: Media Resources, Information Services Department,
Royal Botanic Gardens, Kew

Fanontana printy: Printer Trento

Langaviana hijery ny tranokala www.kewbooks.com na hanoratra mailaka publishing@kew.org
raha mila fanazavana mikasika ny boky vokarin'ny Kew sy ny fividianana azy

Ny fanampiana amin'ny endriny rehetra dia manohana ny Kew amin'ny hiarovany bebe kokoa hatrany ireo
zavamaniry era-tany, izay ilaina eo amin'ny fiainana manontola

Fonony: *Ravanea rivularis*

Fizaran-takelaka

Fisaorana

Tianay ny misaotra ireo mpiara-miombon'antoka rehetra amin'ny Kew eto Madagasikara, ANGAP, Parc Botanique et Zoologique de Tsimbazaza, sy ny Oniversite an'Antananarivo, noho ny fanohanany ny lamin'asa mikasika ny satrapotsy (palmier) sy ny fiaraha-miasa nataony. Isaoranay etoana ihany koa ireo olona rehetra niara-niasa sy nanampy anay tany anaty ala. Ary na dia tsy nanohana mivantana aza ny "Kew's Friends" sy ny "Foundation", dia tsapanay ny maha-zava-dehibe ny tetik'asa "Threatened Plants Appeal" izay loharano nipoiran' ireo mpanoratra an'ity boky ity. Isaoranay manonkana eto Dr. Tony Whitten sy Dr. Kathy MacKinnon avy ao amin'ny Banky Iraisam-pirenena.

Bill Baker no nitantana ny atontan-kevitra mikasika ny Satrapotsy eto Madagasikara, izay nanadraisan'i Mijoro Rakotoarivino sy Kehan Harman anjara. Justin Moat no nandrindra ny sari-tany ahitana ny satrapotsy izay azo avy amin'io atontan-kevitra io. Juliet Williamson kosa no nanao ireo sary tanana rehetra. Isaorana manokana eto Jeff Searle, Ross Bayton ary Neil Hockley tamin'ny fanomezan-dalana hampiasa ireo sary izay nalainy.

Isaoranay ny Banky Iraisam-pirenena izay namatsy vola ny famoahana ny boky, tamin'ny anaran'ny Bank Netherlands Partnership.

Savaranonando

Nanoratra ity boky ity izahay mba hahafahan'ny besinimaro mamantatra ireo karazana satrapotsy na "palmier" misy eto Madagasikara. Inoanay fa tena mahaliana ary manana toerana lehibe ny satrapotsy, tsy noho izy ireo ilaina amin'ny fiainana an-davanandron'ny mponina irery ihany mba hatao sakafo, na hanorenana, ary koa hanaovana asa tanana sy fanafody ary hanaingoina, fa koa noho izy ireo izay maniry eto Madagasikara irery ihany, ary tsy hita na aiza na aiza. Manome endrika an'i Madagasikara, izay toerana misy ny lova voa-janahary lehibe, tokoa izy ireo saingy ny ankamaroan'izy ireo dia efa tsy dia fahita firy intsony. Tianay haseho noho izany ny endriky ny satrapotsy Malagasy, sy ny maha-zava-dehibe azy; izany indrindra no hizaranay eto ny fahalalanay momba azy.

Ahoana ny fampiasana ny boky?

Ireo satrapotsy dia no tena hisongadina ato amin'ity boky ity. Misy ihany koa anefa ireo izay efa mahazatra; atambatra amin'ireo satrapotsy tsy dia fahita firy ary ampiarahana amin'ireo efa mahazatra izay mitovy aminy.

Raha tianao ho fantarina ny sokajy misy ny Satrapotsy dia afaka manampy anao ireo toetra mampiavaka azy (pejy 13). Mizara roa aty am-boalohany ireo toetra ireo, fantatrao avy eo ny toetra manaraka aorian'ny safidinao izay mbola hahitanao ny safidy hafa indray; toy izay hatrany mandram-pahitanao ny anaran-tsokajy. Manampy anao amin'ny fisafidianana ireo toetra ny sary; ary raha misy teny sarotra azo, ao ny dika-teny (pejy 7). Raha vao hitanao ny sokajy, dia misy toetra mampiavaka azy indray mba hahalalanao ireo karazany. Tonga dia afaka mijery ny fanoroana ireo **anarana** amin'ny teny **Malagasy** ianao raha fantatrao izany (pejy 169). Tandremo anefa fa maro ireo karazana Satrapotsy manana anarana mitovy amin'ny teny Malagasy! Ny "laafa" ohatra dia anarana ampiasaina ho an'ny *Dypsis* 03 karazana sy *Ravenea* iray! Toraka izany koa ny "Tsingovatra" na "Tsingovatrovatra" izay ilazana ny *Dypsis* 4 karazana. Ho an'ireo ohatra ireo dia ny fomba fampiasana ny satrapotsy no mahatonga ny anarany: "Laafa" dia ho an'ireo izay afaka manome tady madinika, ary ny "Tsingovatra" kosa dia ho an'ireo izay manana taho azo ampiasaina hanamboarana fitsirika.

Satrapotsy iray ihany no hita isaky ny pejy, miaraka amin'ny anarany amin'ny teny Malagasy sy siantifika ary ny endriny ahalalana azy. Misy sary ihany koa mampiseho io endriny io, ary voafaritra an-tsari-tany ireo toerana mety ahitana azy; sary tanana tsy miloko kosa no maneho an-tsipirihany ny endriky ny ravina, sy ny filahatry ny voniny ary ny voankazony. Hita eo ihany koa ny fomba fampiasana azy, sy ny antony mety maha-vitsy an'isa azy ary ny karazam-bondron-javamaniry aniriany. Omena ao ihany koa ny famaritana fohy momba azy. Isaky ny karazana dia misy fanamarihana kely mikasika ny satrapotsy mitovitovy aminy eny amin'ny faran'ny pejy.

Amin'ny ankapobeny dia miavaka tokoa ny satrapotsy– tsy misy tsy mahalala azy! Saingy, misy hazo vitsivitsy **mifangaro aminy** indraindray. Ny Ravenala, na ny "arbre des voyageurs" ohatra no iray amin'ireo. Feno azy ny sisin'ala rehetra sy ny toerana tokony ahitana ala – saingy tsy tena Satrapotsy akory izy ireo. Ny raviny sy ny tahony dia mifanakaiky kokoa amin'ny hazon'akondro, ireo voniny kosa dia tena tsy misy hitoviany amin'ny an'ny Satrapotsy – toraka izany koa ny vihiny miloko manga. Tsy betsaka ireo hazo mitovitovy amin'ny Satrapotsy – ny *Dracaena* (arbre du dragon) ohatra dia mila hitovy aminy raha jerena lavitra, saingy tsotra sy hety ny raviny.

Tsara ampatsiahivina etoana fa ny boky havoaka eto dia mikasika ireo Satrapotsy tera-tany. Maro ireo karazana hafa avy any ivelany izay maniry manerana ny tanàna rehetra eto Madagasikara; tsy hita ato amin'ity boky ity akory izy ireo.

Ny toerana misy azy sy ny faritra hiparitahany: tsy mahazatra ny mahita Satrapotsy manerana an'i Madagasikara. Maro karazana izy any amin'ny faritra atsinana noho ny amin'ny faritra hafa; ary ny ala mando no tena betsaka fahasamihafany. Ahitana ny ankamaroan'ny Satrapotsy ireo ala ambany toerana izay tsy dia simba loatra. Kanefa, ambonin'ny tendrombohitra ihany koa izy ary tena mahavariana tokoa. Efa miha vitsy ny ala ambonin'ny tanety eto an'ivo tany, hany ka vitsy ihany koa ireo Satrapotsy ao aminy – misy karazana hafakely anefa ao, toy ny *Dypsis decipiens* na ny *Beccariophoenix*. Karazana iray ihany, Satrana (*Bismarckia*), fa maro an'isa no misy any amin'ny faritra andrefana.

Tsy dia misy ahiana loatra ny karazana Satrana izay mahatanty afo ary maniry amin'ny faritra maro manerana ny Nosy. Saingy ny Satrapotsy Satranala, izay mitovitovy amin'ny Satrana dia nanaovana fikarohana 15 taona lasa latsaka kely izay: tsara endrika izy io ary maniry anaty ala. Vitsy an'isa izy ireo raha ampitahaina amin'ireo satrapotsy miisa 200 eran-tany – toerana roa any amin'ny sisi-tany atsinanan'i Madagasikara ihany no misy azy. Noho izany dia mampanahy ny hahalany tamingana izy! Mampalahelo fa miha-vitsy toraka izany ihany koa ny ala vaventy misy ny Satrapotsy – mihena sy miha potika tsikelikely ny manodidina sy ny atin'ny ala manontolo noho ny fikapàna ireo Satrapotsy manana ôvany fihinana, ary toerana vitsy monja sisa no fantatra fa misy ireo karazana Satrapotsy ireo. Vatovavy ohatra no hany toerana fantatra fa misy ny *Dypsis trapezoidea,* toraka izany koa ny *Voanioala gerardii*, izay tsy hita afa-tsy any Masoala irery ihany; ary any atsimo ihany no misy ny *Ravenea musicalis* izay maniry anaty rano amin'ny toerana iray monja.

Mino izahay fa ho fantatra bebe kokoa ny zava-misy sy ny marina momba ireo satrapotsy ireo izay azo avy amin'ny fahalalana azy ireo. Hozarainay ao amin'ny pejy manaraka ny fahitanay ny hatsaran'ireo satrapotsin'i Madagasikara, ary mino izahay fa ho anisan'ireo hanatsara ny tanintsika izy ireo toy ny efa naha-izy azy teo aloha.

Teny fohy mikasika ny votoatin-dahatsoratra

Manana ravina miolaka fipetraka ny ankamaroan'ny satrapotsy avy eto Madagasikara, ary maro no mizarazara sy manana zana-dravina mitovy elanelana (jereo dikan-teny, pejy 7). Tsy voalaza anatin'ny famaritana azy io! Hita ao kosa ny fipetraky ny ravina samihafa (telo laharana na toka-maritoerana) na ny zana-dravina mivondrona, na tsy voazarazara. Omena ao ny halavan'ny zana-dravina eo afovoan'ny ravina: io no natao dia noho ny ravina lava kokoa eo amin'ny fotony, na fohy kokoa noho ny tendrony; toraka izay koa ny zana-dravina manakaiky ny tendro izay matetika no samihafa habe.

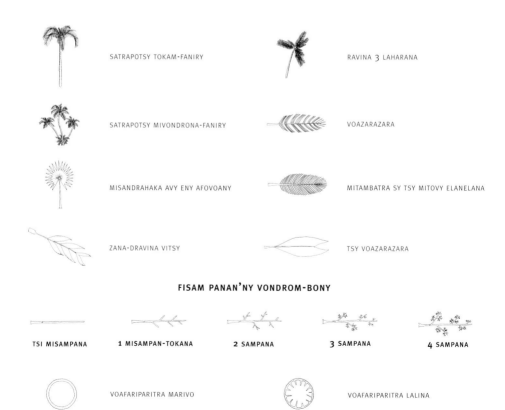

SATRAPOTSY TOKAM-FANIRY

RAVINA 3 LAHARANA

SATRAPOTSY MIVONDRONA-FANIRY

VOAZARAZARA

MISANDRAHAKA AVY ENY AFOVOANY

MITAMBATRA SY TSY MITOVY ELANELANA

ZANA-DRAVINA VITSY

TSY VOAZARAZARA

FISAM PANAN'NY VONDROM-BONY

TSI MISAMPANA   1 MISAMPAN-TOKANA   2 SAMPANA   3 SAMPANA   4 SAMPANA

VOAFARIPARITRA MARIVO

VOAFARIPARITRA LALINA

Dika-teny

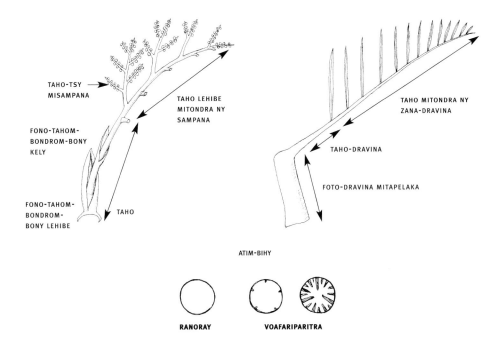

TAHO-TSY MISAMPANA

TAHO LEHIBE MITONDRA NY SAMPANA

FONO-TAHOM-BONDROM-BONY KELY

FONO-TAHOM-BONDROM-BONY LEHIBE

TAHO

TAHO MITONDRA NY ZANA-DRAVINA

TAHO-DRAVINA

FOTO-DRAVINA MITAPELAKA

ATIM-BIHY

RANORAY

VOAFARIPARITRA

acuminate – ravina matsoko tendro
aerial roots – faka mipoitra ety ivelany
apex (apices) tendro, tendro farany ambony
bifid – tendro voazara roa mitovy
branched to ... orders – ny vondrom-bony no mety hisy sampana na tsia; tokan-tsampana izy raha misampana indray mandeha fotsiny ny taho lehibe; 2 sampana kosa izy raha misampana indray mandeha ny sampana voalohany; 3 sampana izy raha mbola misampana io sampana faharoa io.)

ZANA-DRAVINA MIZARA ROA AN-TENDRO

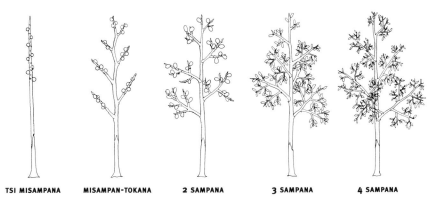

TSI MISAMPANA   MISAMPAN-TOKANA   2 SAMPANA   3 SAMPANA   4 SAMPANA

clustering – hazo maro am-pototra
columnar – mavony
crownshaft – fonom-batan-kazo ambony na fototry ny ravina miendrika tioba izay mamono
  tanteraka ny faritra ambonin'ny vata-kazo
didymous – of stamens/anthers: fohy ny faritra ifandraisan'ny kitapom-bony roa ho an'ny lahim-bony

HAZO-MIVONDRONA FANIRY

FONOM-BATAN-KAZO AMBONY

FOHY NY FARITRA IFANDRAISAN'NY
KITAPOM-BONY

ellipsoid – miendrika lavalava boribory
endosperm – atim-bihy
endosperm homogeneous – tsy misy faritra miloko mainty fa ranoray ny atim-bihy
endosperm shallowly ruminate – voafariparitra loko mainty tsy lalina ny atim-bihy
fanned within groups – tsy miray zotra ny zana-dravina
geonomoid – of stamens/anthers: mibontsina ny faritra ipetrahan'ny lahim-bony
globose – boribory
homogeneous– ranoray ny atim-bihy, tsy mivoiboitra ny sisiny

LAVALAVA BORYBORY

BORYBORY

RANORAY

inflorescence – sampam-boninkazo misy ny taho, ny sampany, sy ny fono-taho lehibe ary ny voniny
inflorescence rachis – taho ialan'ny taho madinika mitondra ny vondrom-bony
leaflet – zana-dravina
leaflets grouped – zana-dravina mitambatambatra tsy mitovy elanelana manaraka ny taho
  lehibe mitondra azy
leaflets regular – zana-dravina mitovy elanelana manaraka ny taho lehibe mitodra azy
leaves in 3 ranks – raha jerena ambany dia tsy voazarazara fa mivondrona ho 3 laharana ny
  fipetraky ny ravina eny amin'ny hazo
leaf sheath – foto-dravina mitapelaka mamono ny vatan-kazo
leaf sheath open/closed – foto-dravina mitapelaka misokatra na mihidy

RAVINA 3 LAHARANA

FOTO-DRAVINA
MITAPELAKA MISOKATRA

FOTO-DRAVINA
MITAPELAKA MIKATONA

litter-trapping – tsy misy taho ny ravina ary "V" fipetraka ka afaka
manangona ravina efa maina sy lo avy amin'ireo hazo hafa manodidina
azy. Miakatra mihazo ny faritra ambony io ny fakan'io karazana
satrapotsy io.
multifold – zana-dravina maro am-pototra
obliquely toothed – (tendro misopirana sy mikinifinify)
obovoid – miendrika atody ka mivelatra kokoa ny faritra ambony
ovoid – miendrika atody ka mivelatra kokoa ny faritra ambany
palmate – ampahan-dravina voazarazara sy misandrahaka miala avy eny afovoany

TENDRO
MISOPIRANA SY
MIKINIFINIFY

MIENDRIKA ATODY FA
MIVELATRA AMBONY

MIENDRIKA ATODY

RAVINA MISANDRAHAKA
AVY ENY AFOVOANY

peduncle – taho tsy misampana mitondra ny vondrom-bony
peduncular bract – fono-tahom-bondrom-bony lehibe izay miendrika ravina ary miloko volo-tany sy
mandrakotra ny bontsim-bony

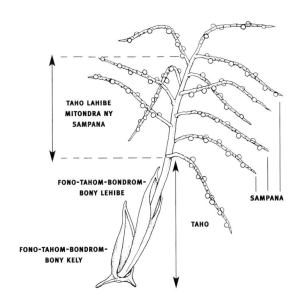

TAHO LAHIBE
MITONDRA NY
SAMPANA

FONO-TAHOM-BONDROM-
BONY LEHIBE

SAMPANA

TAHO

FONO-TAHOM-BONDROM-
BONY KELY

petiole – taho-dravina na faritra manelanelana ny zana-dravina sy ny foto-dravina mitapelaka

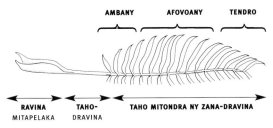

AMBANY   AFOVOANY   TENDRO

RAVINA
MITAPELAKA   TAHO-
DRAVINA   TAHO MITONDRA NY ZANA-DRAVINA

pinnate – voazarazara ny ravina ka manome zana-dravina maromaro, toy ny volom-borona ny endriny

plane, one plane – miray zotra anaty maritoerana iray

prophyll – fono-tahom-bondrom-bony farany ambany sy kely, ary miloko volo-tany sy mandrakotra ny bontsim-bony (jereo pejy 9)

rachilla, plural rachillae – taho madinika na sampana mitondra ny vony na ny voankazo (jereo pejy 9)

rachis – of the leaf: ho an'ny ravina: taho lehibe mitondra ny zana-dravina (jereo pejy 9)

ruminate endosperm – atim-bihy voafariparitra madinika

RAVINA TSY
VOAZARA

TOKA-MARITOERANA

MARIVO

LALINA

VOAFARIPAHITRA

sheaths – ho an'ny ravina, foto-dravina mitapelaka mamono ny vata-kazo

shuttlecock – miendrika "V"

single fold – mifanohitra amin'ny ravina maro am-pototra

solitary – hazo tokam-paniry

spike/rachilla – taho tsy misampana mitondra avy hatrany ny vony na ny voankazo

subglobose – mitady ho boribory

ultramafic – haram-bato misy "fer" sy "manganèse"

versatile – of stamens/anthers: zara raha mifandray ny kitapom-bony sy ny tahom-bony, afaka mihetsiketsika noho izany ny kitapom-bony

MIENDRIKA "V"

TOKAM-PANIRY

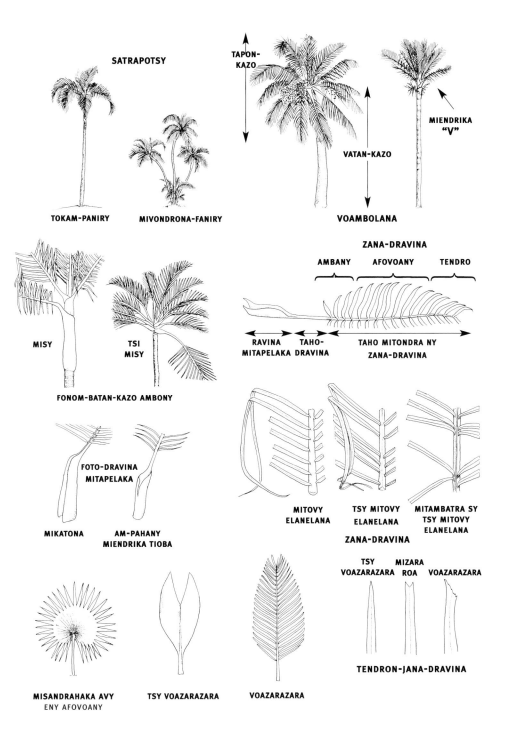

SATRAPOTSY

TAPON-KAZO

MIENDRIKA "V"

VATAN-KAZO

TOKAM-PANIRY

MIVONDRONA-FANIRY

VOAMBOLANA

ZANA-DRAVINA

AMBANY   AFOVOANY   TENDRO

MISY

TSI MISY

RAVINA MITAPELAKA

TAHO-MITAPELAKA DRAVINA

TAHO MITONDRA NY ZANA-DRAVINA

FONOM-BATAN-KAZO AMBONY

FOTO-DRAVINA MITAPELAKA

MITOVY ELANELANA

TSY MITOVY ELANELANA

MITAMBATRA SY TSY MITOVY ELANELANA

MIKATONA

AM-PAHANY MIENDRIKA TIOBA

ZANA-DRAVINA

TSY VOAZARAZARA

MIZARA ROA

VOAZARAZARA

MISANDRAHAKA AVY ENY AFOVOANY

TSY VOAZARAZARA

VOAZARAZARA

TENDRON-JANA-DRAVINA

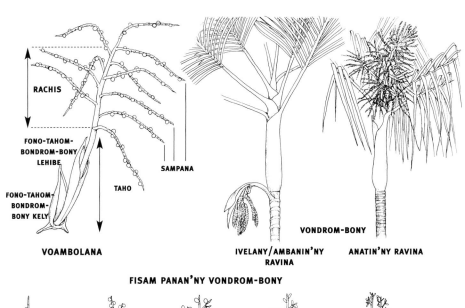

RACHIS

FONO-TAHOM-
BONDROM-BONY
LEHIBE

SAMPANA

FONO-TAHOM-
BONDROM-
BONY KELY

TAHO

VOAMBOLANA

VONDROM-BONY

IVELANY/AMBANIN'NY
RAVINA

ANATIN'NY RAVINA

FISAM PANAN'NY VONDROM-BONY

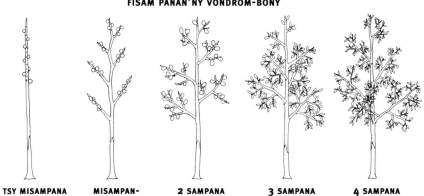

TSY MISAMPANA

MISAMPAN-
TOKANA

2 SAMPANA

3 SAMPANA

4 SAMPANA

VOANKAZO

ATIM-BIHY

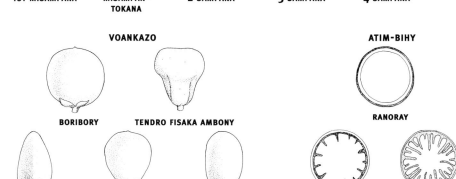

BORIBORY

TENDRO FISAKA AMBONY

RANORAY

MIENDRIKA
ATODY

MIENDRIKA ATODY
FA MIVELATRA
AMBONY

LAVALAVA
BORIBORY

MARIVO

LALINA

VOAFARIPARITRA

Ny mampiavaka ireo sokajy

MISANDRAHAKA AVY ENY AFOVOANY   **TSY VOAZARAZARA**   **VOAZARAZARA**

TENDRO-JANA-DRAVINA

TSY VOAZARAZARA   **MIZARA ROA**   **ROTIDROTIKA**

MISY FOTO-DRAVINA
MITAPELAKA

TSI MISY FOTO-DRAVINA
MITAPELATA

Phoenix reclinata

Ahafantarana azy:

- Satrapotsy mitangorona mirefy 3 m.
- Miendrika tsilo ny zana-dravina ambany.
- Voankazo miloko vonim-boasary.

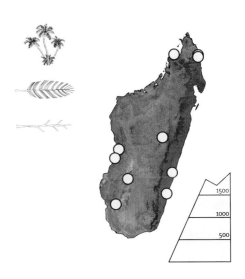

Fampiasana azy
Fanamboarana harona ny zana-dravina. Fihinana ny voankazony.

Sata-piarovana
Tsy atahorana ho lany tamingana.

Toerana ahitana azy
Anaty vondron-javamaniry manamorona rano; lohasaha mando mandritry ny fiavian'ny orana; 0–1500 m ambonin'ny ranomasina.

Satrapotsy mitangorona mirefy 3 m; vatan-kazo mibiloka fipetraka matetika, foto-dravina mitapelaka tafajanona ambony vatan-kazo. **Ravina** mirefy 2–3 m, miolaka fipetraka, zana-dravina ambany miendrika tsilo; zana-dravina mivondrona ho 2–5, mirefy 45 × 3.6 sm. **Vondrom-bony** lahy sy vavy misaraka foto-kazo samihafa, tokan-tsampana, miloko maitso manompy mavo, taho madinika mirefy 20 sm. **Voankazo** boribory na miendrika atody ary fisaka ny ambony, mirefy 18–20 × 9–12 mm, miloko vonim-boasary. **Vihy** mirefy 12–14 × 6 mm, triatra lalina.

Karazana mitovitovy aminy:

P. dactylifera – ambolena an-tanàna ny antrendry na "dattier". Miavaka izy noho izy tokam-paniry, sy manana taho matevina (40 sm) ary voankazo lehibe sy fihinana izay mirefy 4–7 sm.

Phoenix reclinata, Vohemar

Borassus madagascariensis

Befelatanana, dimaka, marandravina

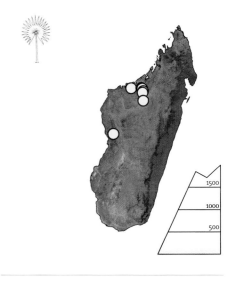

Ahafantarana azy:

- Satrapotsy tokam-paniry, fanimpa endrika.
- Vatan-kazo mibontsina afovoany na ambany kelin'ny faritra afovoany.
- Voankazo mirefy 15–17 × 15–18 sm.

Fampiasana azy
Fihinana ny tsiranoka somary mangidy anatin'ny taho, toraka izay koa ny ôvany; afaka ibatàna entana ny taho poakaty. Ahazoana alikaola ny voankazony ary fihinana ny fakan'ny zanan-kazony.

Sata-piarovana
Marefo.

Toerana ahitana azy
Manamorona renirano, ambonin'ny tany ataina; maniry amin'ny toerana 100 m ambonin'ny ranomasina.

Satrapotsy tokam-paniry mirefy 16 m; mavony ny vatan-kazo na mibontsina afovoany na ambany kelin'io faritra io, malama. **Ravina** miisa 12–30, fanimpa endrika ary fohy ny kiran-dravina afovoany; mirefy 2–3 m ny taho-dravina izay misy tsilo miloko mainty tsy mitovy elanelana, mirefy 1.6–2.2 m ny takela-dravina, 2.5–3 m ny sakany, miolakolana ary manana fizarazarana miisa 60–95. **Vondrom-bony** lahy sy vavy misaraka foto-kazo samihafa, 1 na 2 sampana ny lahy ary tsy misampana ny vavy, mirefy 1.2 m eo ho eo ny halavany; mirefy 35–40 sm ny taho madiniky ny vondrom-bony lahy, ny an'ny vavy mirefy 25–50 sm. **Voankazo** somary boribory, mirefy 15–18 sm ny savaivo. **Vihy** mirefy 5–8.5 sm.

Borassus madagascariensis, Ankijabe. (Sary: R. Bayton)

Borassus madagascariensis, Ankijabe. (Sary: R. Bayton)

Borassus aethiopum, Sambirano. (Sary: R. Bayton)

Karazana mitovitovy aminy:

B. aethiopum – dia hita any amin'ny faritra avaratra andrefana; miavaka izy noho ny fananany tsilo lehibe sy tsy mitandahatra, sampam-bondrom-bony lava kokoa (80–90 sm), voninkazo betsaka kokoa (miisa 30 ny an'ny *B. aethiopum*, ary miisa 7–20 kosa ny an'ny *B. madagascariensis*) ary voankazo kely kokoa (9–13 sm).

Hyphaene coriacea

Satrana, sata

Ahafantarana azy:

- Satrapotsy mitangorina, fanimpa endrika, hita any an-drefan'i Madagasikara.
- Indraindray misampana ny vatan-kazo.
- Mivoitra ireo tsilo telo zoro amin'ny taho-dravina.

Fampiasana azy
Fanamboarana harona, satroka sy tady ny vàhiny. Fihinanana ny ôvany ary indraindray fanamboarana divay izy.

Sata-piarovana
Tsy atahorana ho lany tamingana. Hita na aiza na aiza ao amin'ny faritra misy azy.

Toerana ahitana azy
Anaty ranta na anaty tany, anaty bozaka na anaty ala tsy mikitroka, ambony fasika; an-tehezan-tendrombohitra na anaty lemaka; tsy matahotra afo, ary indraindray hita na aiza na aiza ao amin'ny faritra misy azy; 1–300 m ambonin'ny ranomasina.

Satrapotsy mitangorina, matetika ohatry ny hazo tokana iray ihany ny fijery azy, mivondrona ho 2–6, mirefy 6 m; misampana matetika ny vatan-kazo.
Ravina miisa 9–20, mijaridina na misandrahaka, fanimpa endrika ary misy fizarazarana miisa 39–55; mirefy 0.6–1 m ny taho-dravina ary misy tsilo manana zoro telo, mirefy 70 × 110 sm ny takela-dravina.
Vondrom-bony anatin'ny ravina, misaraka foto-kazo samihafa ny lahy sy vavy, 2 sampana ny lahy, tokan-tsampana ny vavy, mirefy 80 sm eo ho eo ny lahy, mirefy 1.2–1.4 m ny vavy; mirefy 9–36 sm ny taho madiniky ny lahy, ny an'ny vavy 60–120 sm.
Voankazo mizara roa tsy mitovy raha jerena ety ivelany ary fisaka ambony, mirefy 5–6 sm ny haavo, mirefy 4–6 sm ny savaivo, voarakotra volo matevina ny taho.
Vihy mirefy 2.7 × 2.7 sm eo ho eo, ranoray ny atim-bihy.

voankazo

Karazana mitovitovy aminy:

Tsy misy.

Hyphaene coriacae, Ankarana

Bismarckia nobilis

Satrana, satra, satrabe, satranabe, satrapotsy

Ahafantarana azy:

- Satrapotsy tokam-paniry, fanimpa endrika, hita any avaratra sy andrefan'i Madagasikara.
- Vatan-kazo mavony sy mahitsy tsara.

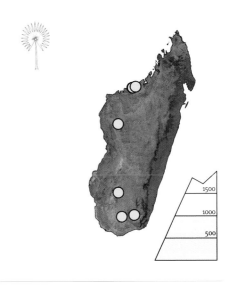

Fampiasana azy
Fanamboarana hazo fisaka na rindrin-trano ny vatan-kazo feno sy fisaka; fanafoana sy fanamboarana harona ny ravina; somary mangidy ny tsiranoka.

Sata-piarovana
Tsy atahorana ho lany tamingana. Miparitaka ary hita na aiza na aiza ao amin'ny faritra misy azy.

Toerana ahitana azy
Banjana, na aiza na aiza, hazo tokana hany hita maniry anaty toerana midadasika feno bozaka sy andalovan'ny afo matetika; 1–1000 m ambonin'ny ranomasina.

Satrapotsy tokam-paniry, tsy voaharo kinify ary mirefy 20 m; malama ny vata-kazo, mavony, mahitsy tsara. **Ravina** miisa 13–30, mijaridina ary miha-mibiloka, fanimpa endrika, manana fizarazarana miisa 50–77; mirefy 80 sm eo ho eo ny foto-dravina mitapelaka; mirefy 70–250 sm ny taho-dravina, tsy misy tsilo hita mazava, savohina fotsy, matevina sady voarakotra sisan-kira mikirazorazo; mirefy 1.5 m eo ho eo ny savaivon'ny takela-dravina. **Vondrom-bony** anatin'ny ravina, 2 sampana, misaraka foto-kazo samihafa ny lahy sy vavy; mirefy 15–25 sm ireo taho madinika mitondra ny vony. **Voankazo** miloko volo-tany antitra, miendrika atody, mirefy 40–48 × 30–35 mm. **Vihy** mirefy 35–38 × 22–24 mm, ranoray ny atim-bihy saingy voafariparitra izy noho ny fonony mikitaotaona.

Karazana mitovitovy aminy:

Mora avahana amin'ny **Hyphaene coriacea** satria tsy misy tsilo 3 zoro ny taho-dravina.

Bismarckia nobilis, Isalo

Satranala decussilvae

Satranabe

Ahafantarana azy:

- Satrapotsy tokam-paniry, fanimpa endrika, hita anaty ala mandon'ny faritra atsinan'i Madagasikara.
- Miloko volomparasy antitra ny voankazo.

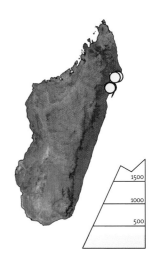

Fampiasana azy
Fanaovana tafo bozaka ny raviny.

Sata-piarovana
Tandindonin-doza.

Toerana ahitana azy
Ala mando anaty tany lalina sy ambony haram-bato na "quartz", an-tehezan-tendrombohitra mandrimandry manamorona lohasaha; 250–285 m ambonin'ny ranomasina.

Satrapotsy tokam-paniry, mirefy 15 m; malama ny vata-kazo, misy tsipika manify mandry miampy ireo holatry ny ravina, mipoitra ivelany indraindray ny faka. **Ravina** miisa 20–24, mijaridina, miisa 6 na mihoatra ny ravina maty, fanimpa endrika, misy fizarazarana miisa 54–57; mirefy 46–60 sm ny foto-dravina mitapelaka; mirefy 1.4–1.5 m ny taho-dravina, voarakotra volo manify miloko fotsy ary savohina fotsy ny fanambaniny; mirefy 110–180 × 240–260 sm ny takela-dravina. **Vondrom-bony** anatin'ny ravina, 2 sampana; mirefy 28–31 sm ny taho madinika, misaraka foto-kazo samihafa ny lahy sy vavy. **Voankazo** boribory miha-manakaiky ny endrika atody, miloko volomparasy antitra, mirefy 5.6 × 5 sm; mivontovonto sy mibotambotana ny sosom-ponom-bihy anatiny indrindra. **Vihy** mirefy 30 × 32 mm, voafariparitra lalina ny atim-bihy.

Satranala decussilvae

Satranala decussilvae

Satranala decussilvae, Mananara Avaratra

Karazana mitovitovy aminy:

Tsy misy.

Raphia farinifera

Rafia

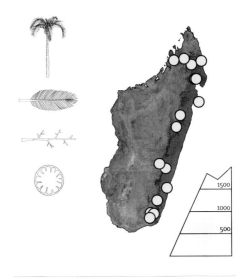

Ahafantarana azy:

- Hita an-tanàna.
- Voarakotry ny foto-dravina mitapelaka sisa tavela ny vata-kazo.
- Miendrika "V"ny tampon-kazo.
- Ravina lava be mirefy 20 m.
- Misy tsilo ny sisin'ny zana-dravina sy ny kiran-dravina afovoany.
- Vondrom-bony vaventy sy vondrom-boankazo mirefy 3 m.
- Voankazo feno kira.

Fampiasana azy

Fanaovana asa tanana ny vahin'ny ravina tanora, anisan'izany ny satroka, fanamboarana ankanjo sy harona; fanamboarana trano ny taho-dravina ary fihinana ny voankazo sy ny ôvany.

Sata-piarovana

Tsy atahorana ho lany tamingana.

Toerana ahitana azy

Toerana mando (honahona, amoron-drano) manakaiky tanàna; 50–1000 m ambonin'ny ranomasina.

Satrapotsy tokam-paniry, mirefy 10 m; voarakotry ny faritra ambanin'ny ravina sisa tavela ny vata-kazo. **Ravina** miisa 12 eo ho eo, somary mijaridina, misandrahaka, ary miendrika "V" ny tampony, lava be ary mirefy 20 m; mirefy 1.5 m eo ho eo ny foto-dravina mitapelaka ary ny taho-dravina; miisa 150 na mihoatra ny zana-dravina isaky ny andanin'ny taho, anaty maritoerana 2, mirefy 100 × 4 sm. **Vondrom-bony** mihantona manakaiky ny tampon-kazo, vaventy, mirefy 3 m, 2 sampana; taho madinika matevina mitambatambatra, mirefy 6–13 sm. **Voankazo** boribory, miloko volo-tany, voarakotra kira mifanindry, mirefy 5–6 × 4–4.5 sm. **Vihy** miendrika atody, mirefy 3.5 × 3.2 sm eo ho eo, voafariparitra lalina ny atim-bihy. Maty ny hazo raha vao avy vaki-felany sy vaki-voany.

Raphia farinifera

Karazana mitovitovy aminy:

Tsy misy.

Raphia farinifera, Sainte Marie

Karazana *Ravenea*

Ravanea rivularis, Isalo

Ravenea robustior

Anivo, bobokaomby, hovotravavy, laafa,
lakabolavo, loharanga, manara, monimony,
ovotretanana, retanana, tanavy, vakabe,
vakaky, vakaboloka

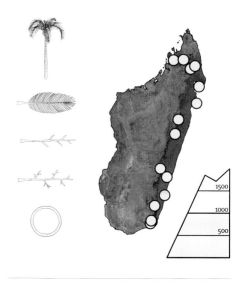

Ahafantarana azy:

- Lehibe sy midasidasy ny tampo-kazo.
- Mavony ny vatan-kazo ka miray zotra ny sisiny roa,
  na tavoahangy endrika, mitaboribory ny fotony.
- Mahitsy ny ravina.

Fampiasana azy

Fihinana ny ôvany, fanaovana sola ny vovo-davenon'ny
vatan-kazo; fanamboarana borosy famafana ny ravina
tanora; fanamboarana gorodona, latabatra sy rindrina
ny fonony ivelan'ny hazo.

Sata-piarovana

Vitsy. Miparitaka saingy tsy manerana ny faritra misy
azy– tapahana izy mba hahazoana ny ôvany fininana
sy ny hazony hanaovan-trano.

Toerana ahitana azy

Ala mando anaty lohasaha, an-tehezana na ambony
solampin-tendrombohitra mitsatoka, akaiky rano na
an-tampon-kavoana, anaty ala mikitroka na tsia;
mazàna manenika ny toerana misy azy izy; 1–1000
(–2000) m ambonin'ny ranomasina.

Midasidasy ny tampon-kazo, mirefy 30 m. Mavony ny
vatan-kazo ka miray zotra ny sisiny roa na tavoahangy
endrika; mazàna tafajanona eny amin'ny faritra
ambonin'ny vatan-kazo ny foto-dravina mitapelaka;
mitaboribory ny fototra ary misy faka madinika; mafy
ny faritra ivelany indrindra, malemy sy miloko fotsy ny
atiny. **Ravina** miisa 11–25, "V" fipetraka, mijaridina,
mirefy 17–134 sm ny taho-dravina, mirefy 2.2–4 m ny
taho mitondra ny ravina, miisa (40–)50–105 ny zana-
dravina isaky ny andanin'ny taho, mirefy 126 × 7.5 sm.
Vondrom-bony lahy sy vavy misaraka foto-kazo
samihafa, tokam-paniry, anatin'ny ravina na ivelany
miaraka amin'ireo fototry ny ravina efa maina, 2(–3)
sampana ny lahy, 1(–2) sampana ny vavy, mirefy
(5–)10–47 sm ny taho-bondrom-bony madiniky ny lahy,
ny an'ny vavy mirefy 9–81 sm. **Voankazo** miloko
vonim-boasary, miendrika atody saingy fisaka ambony
ary miha-boribory endrika, mirefy 10–18 × 8–15 mm,
tokam-bihy matetika. **Vihy** miloko volo-tany, mafy,
mirefy 9–16 × 6–13 mm.

Ravenea robustior, Mantadia

Ravenea robustior

Ravenea krociana

Ravenea krociana, Andohahela

Karazana mitovitovy aminy:

R. krociana – hita any amin'ny faritra atsimo atsinanan'i Madagsikara, amin'ny toerana iva sy anaty ala ambony havoana –lehibe kokoa izy, malemilemy ny vatan-kazo ary indroan'ny sakany fara-fahakeliny ny haben'ny voankazo.

Ravenea madagascariensis

Anivo, anivokely, anivona, tovovoko

Ahafantarana azy:

- Satrapotsy tsara endrika, fahita anaty tanetin'ny afovoan-tany.
- Matevina matetika ny fototry ny vatan-kazo ary misy faka mipoitra ety ivelany.
- Mijaridina foana ny ravina.

Fampiasana azy
Fanaovana rindrina sy gorodona ny faritra ivelan'ny hazo.

Sata-piarovana
Vitsy saingy mety hita na aiza na aiza, ohatra any amin'ny faritr'Ifanadiana.

Toerana ahitana azy
Ala mando mihazo ny ala maina ambony havoana, an-tehezan-tendrombohitra mitsatoka na an-tampon-kavoana, indraindray an-tehezan-tendrombohitra mitsatoka anatin'ny ala manamorona rano; 25–1700 m ambonin'ny ranomasina.

Satrapotsy salasalany mirefy 12 m; matevina matetika ny vatan-kazo ary mipoitra ety ivelany ny faka, indraindray tafajanona eo ambony ny foto-dravina mitapelaka. **Ravina** miisa 10–26; mirefy 20–80 sm ny taho-dravina, mirefy 1.9–3 m ny taho-dravina lehibe mitondra ny ravina, miisa 55–82 ny zana-dravina isaky ny andanin'ny taho, mirefy 95 × 5.2 sm. **Vondrom-bony** lahy sy vavy misaraka foto-kazo samihafa, ny lahy mivondrona tsiefatrefatra hatramin'ny tsisivisivy; 2 sampana; ny vavy mivondrona tsitelotelo hatramin'ny tsifitofito (ankavitsiana ny hazo tokam-paniry), tokan-tsampana; mirefy 3.5–20 sm ny taho-bondrom-bony madinika, mirefy 5–44 sm ny an'ny vavy. **Voankazo** miloko vonim-boasary, boribory na lavalava boribory somary misompirana, mirefy 5–10 × 7.5–10 mm, tokam-bihy. **Vihy** miloko volo-tany, mirefy 6–7 × 5–5.5 mm.

Karazana mitovitovy aminy:

R. latisecta – Andasibe ihany no toerana nahafantatarana azy; ary manana zana-dravina mazava tsara izy. Tsy hita intsony taorian'ny nahazoana ny santionany voalohany.

Ravenea madagascariensis

Ravenea madagascariensis, Andasibe

Ravenea sambiranensis

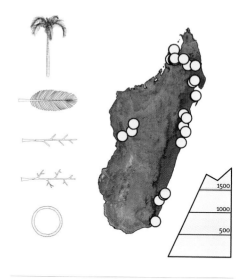

Anivo, anivona, mafahely, ramangaisina, soindro

Ahafantarana azy:

- Mihodina fipetraka ny ravina.
- Tsy misy foto-dravina mitapelaka tavela amin'ny vatan-kazo.
- Hita ety ivelany ny faka.

Fampiasana azy

Fanamboarana gorodona ny faritra ivelan'ny hazo; fahandro ary fihinana miaraka amin'ny mangahazo ny hazo tanora, saingy somary matsatso.

Sata-piarovana

Marefo.

Toerana ahitana azy

Anaty ala ranta, ambony fasika fotsy, anaty ala mando mikitroka na ala maina ambony tendrombohitra, antehezan-tendrombohitra mitsatoka, an-tampon-kavoana, na anaty ala sisa manamorona rano; 1–2000 m ambonin'ny ranomasina.

Satrapotsy marotsaka, midasidasy, mirefy 30 m na mihoatra. Tsy dia misy foto-dravina mitapelaka tavela ny vatan-kazo. **Ravina** miisa 10–28, mihodina fipetraka na milefitra tanteraka; mirefy 13.5–76 sm ny taho-dravina, mirefy 1–2.1 m ny taho mitondra ny ravina, miloko maitso tanora ary misy volo fotsy miendrika kifafa ny sisiny, miisa 47–55 ny zana-dravina isaky ny andanin'ny taho, mirefy 64(94) × 2.4 sm. **Vondrom-bony** lahy sy vavy misaraka foto-kazo samihafa, ny lahy mivondrona tsidimidimy hatramin'ny tsisivisivy, ny vavy tokam-paniry sy tokan-tsampana; mirefy 1.5–7.5 sm ny taho-bondrombony madiniky ny lahy, ny an'ny vavy mirefy 5–33 sm. **Voankazo** miloko vonim-boasary miha-mena, mirefy 10–12 × 9–10 mm, vihy ranoray.

Ravenea sambiranensis, Sainte Marie

Ravenea sambiranensis

Ravenea sambiranensis

Ravenea nana, Andrambovato. (Sary: N. Hockley)

Ravenea nana, Andrambovato. (Sary: N. Hockley)

Karazana mitovitovy aminy:

R. nana – miparitaka eran'ny tendrombohitra, satrapotsy madinika mirefy 4 m na mihoatra, mirefy 30–40 sm ny taho mitondra ny ravina ary mirefy 35 × 2 sm ny zana-dravina. Voankazo mirefy 13–21 mm.

Ravenea julietiae

Ahafantarana azy:

- Lava noho ny ravina ny vondrom-bony vavy.
- Miloko mainty sy lehibe ny vihy.

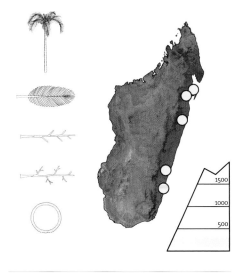

Fampiasana azy
Fampiasana amin'ny fanorenana; fampidiran-drano ny vatan-kazo poakaty.

Sata-piarovana
Tandindonin-doza.

Toerana ahitana azy
Ala mandon'ny faritra iva; an-tehezan-tendrombohitra malefaka na mitsatoka; 50–285 m ambonin'ny ranomasina.

Satrapotsy tsara endrika sy salasalany, mirefy 10 m; mibontsina ny faritra ambanin'ny tampon-kazo. **Ravina** miisa 9–23; mirefy 30–80 sm ny taho-dravina, mirefy 1.1–2.8 m ny taho-dravina lehibe mitondra ny ravina, miloko maitso ary misy kira fotsy miparitaka, miisa 34–48 ny zana-dravina isaky ny andanin'ny taho, mirefy 90 × 5.2 sm. **Vondrom-bony** lahy sy vavy misaraka foto-kazo samihafa, mivondrona tsidimidimy hatramin'ny tsifitofito ny lahy, anatin'ny ravina ary 2 sampana, tonkam-paniry ny vavy, tokan-tsampana; mirefy 3.5–17 sm ny taho-madiniky ny vondrom-bony lahy, ny an'ny vavy mirefy 20–49 sm. **Voankazo** lavalava boribory, mirefy 22–27 × 17–20 mm. **Vihy** miendrika atody na lavalava boribory, miloko mainty, mirefy 19–20 × 14–17 mm.

Ravenea julietiae, Amby

Karazana mitovitovy aminy:

Mitovitovy amin'ny **R. sambiranensis** ny foto-kazo lahy.

Ravenea rivularis

Bakaly, gora, malio, vakaka

Ahafantarana azy:

- Satrapotsy midasidasy maniry manaraka ny sisin-drano.

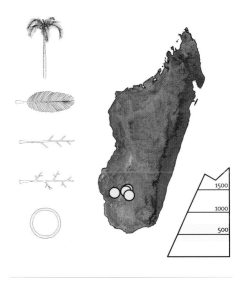

Fampiasana azy
Fahondrana ny vihy.

Sata-piarovana
Marefo.

Toerana ahitana azy
Sisin-drano sy renirano hita amin'ny faritra atsimo andrefan'i Madagasikara.

Satrapotsy midasidasy, mirefy 22(?30) m, mavony ny vatan-kazo na mivoitra afovoany. **Ravina** miisa 16–25; miolaka fipetraka; mirefy 6–20 sm ny taho-dravina, mirefy 1.2–1.7 m ny taho mitondra ny ravina, miisa 70–73 ny zana-dravina isaky ny andanin'ny taho, mirefy 63 × 3.2 sm. **Vondrom-bony** lahy sy vavy misaraka foto-kazo samihafa, mivondrona tsidimidimy hatramin'ny tsifitofito ny lahy; anatin'ny ravina, 2 sampana, tokam-paniry ny vavy, tokan-tsampana; mirefy 3–21 sm ny taho-bondrom-bony madiniky ny lahy, ny an'ny vavy mirefy 10–32 sm. **Voankazo** mena mangatsaka, boribory na lavalava boribory tsara, mirefy 7.5–9 × 7–8.5 mm, tokam-bihy. **Vihy** mirefy 5.5–6 × 5.5 mm.

Ravenea rivularis

Karazana mitovitovy aminy:

Tsy misy.

Ravenea rivularis, Ilakaka

Ravenea musicalis

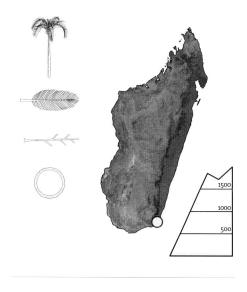

Ahafantarana azy:

- Satrapotsy salasalany mirefy 0.5–2.5 m ary maniry anaty rano.
- Vatan-kazo tavoahangy endrika.

Fampiasana azy
Indraindray hanamboarana lakana.

Sata-piarovana
Marefo. Renirano iray ihany no ahitana azy.

Toerana ahitana azy
Maniry manaraka rano, 0.5–2.5 m anaty rano; ambanin'ny 50 m ambonin'ny ranomasina.

Satrapotsy salasalany ary tavoahangy endrika, mirefy 8 m. **Ravina** miisa 14–16, miolaka fipetraka; mirefy 15–19 sm ny taho-dravina, mirefy 1.3–1.8 m ny taho lehibe mitondra ny ravina, miisa 59–63 ny zana-dravina isaky ny andanin'ny taho, mirefy 53 × 2.4 sm. **Vondrom-bony** lahy sy vavy misaraka foto-kazo samihafa, mivondrona tsidimidimy ny lahy, tokan-tsampana, tokam-paniry ny vavy, tokan-tsampana; mirefy 7–24 sm ny taho-bondrom-bony madiniky ny lahy, ny an'ny vavy mirefy 9–42 sm. **Voankazo** miloko vonim-boasary, boribory, mirefy 14–19 mm, tokam-bihy. **Vihy** miloko volo-tany, mafy, mirefy 10–14 mm.

Zanaka *Ravenea* musicalis ao anaty rano mikoriana

Karazana mitovitovy aminy:

Tsy misy.

Ravenea musicalis, Belavenona

Ravenea glauca

Anivo, sihara

Ahafantarana azy:

- Satrampotsy marotsaka, maniry any amin'ny faritra maina.
- Malama sy savohina ny faritra ambanin'ny zana-dravina.

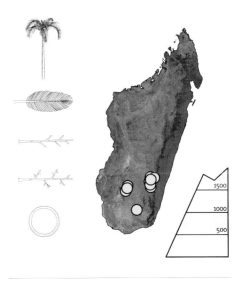

Fampiasana azy
Tsy mbola fantatra.

Sata-piarovana
Marefo.

Toerana ahitana azy
Ala maina sy haram-bato na hantsana fasihana; 670–1250(?1800) m ambonin'ny ranomasina.

Karazana satrapotsy manana haavo miovaova 0.2–8 m. **Ravina** miisa 14–20; mirefy 10–50 sm ny taho-dravina; mirefy 1.1–2 m ny taho mitondra ny ravina; miisa 49–73 ny zana-dravina isaky ny andanin'ny taho, mirefy 70 × 2.3 sm, malama sy savohina ny ravina raha mbola tsy maina. **Vondrom-bony** lahy sy vavy misaraka foto-kazo samihafa, mivondrona tsiroaroa hatramin'ny tsieninenina ny lahy, 1–2 sampana, tokam-paniry ny vavy, tokan-tsampana, mirefy 2–12 sm ny taho-bondrom-bony madinika, ny an'ny vavy mirefy 4–26 sm. **Voankazo** miloko mavo, mirefy 20–22 × 22–23 mm, tokam-bihy. **Vihy** miloko volo-tany matroka, mirefy 16–18 × 18–19 mm.

Karazana mitovitovy aminy:

Tsy misy.

Ravenea glauca, Isalo

Ravenea dransfieldii

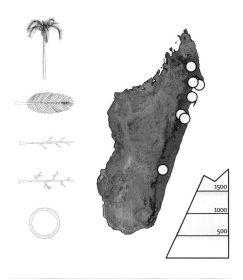

Anivo, lakatra (ho an'ny lahy) ary lakabolavo (ho an'ny vavy), mandriravina, ovotsarorona

Ahafantarana azy:

- Mihantona sy malemilemy ny fototry ny zana-dravina.
- Tsy misy taho-dravina.
- Hazo tena mafy ary miloko mainty.

Fampiasana azy
Lazain'ny olona sasany fa misy poizina ny ôvany, ho an'ny sasany kosa anefa dia fihinana izy.
Fanamboarana harona ny zana-dravina.

Sata-piarovana
Marefo.

Toerana ahitana azy
Ala mando, an-tehezana sy an-tampon-tendrombohitra.
400–1700 m ambonin'ny ranomasina.

Satrapotsy salasalany mirefy 7 m; mibontsina ny fototry ny tampon-kazo. **Ravina** miisa 11–17; tsy misy taho-dravina; mirefy 3.3–4.4 m ny taho mitondra ny ravina; miisa 70–84 ny zana-dravina isaky ny andanin'ny taho, mirefy 100 × 5 sm, mihantona sy malemilemy ny fototry ny zana-dravina **Vondrom-bony** lahy sy vavy misaraka foto-kazo samihafa, miafina ao ambadiky ny fototry ny ravina, tokam-paniry na ny lahy na ny vavy, 2 sampana ny lahy, tokan-tsampana ny vavy; mijaridina ny taho-bondrom-bony madiniky ny lahy ary mirefy 18–35 sm, ny an'ny vavy somary mitangorina ary mirefy 9.5–27 sm. **Voankazo** miloko vonim-boasary, miendrika atody na lavalava boribory, mirefy 15–20 × 12–15 mm, tokam-bihy. **Vihy** lavalava boribory, mirefy 15 × 10 mm, miloko mainty.

Ravenea dransfieldii

Karazana mitovitovy aminy:

Tsy misy.

Ravenea dransfieldii, Masoala

Ravenea xerophila

Ahaza, anivo, anivona

Ahafantarana azy:

- Satrapotsy hita anaty ala tsiloina.
- Voarakotry ny foto-dravina sisa tavela ny vata-kazo.
- Tsara endrika ny ravina ary miolaka fipetraka.

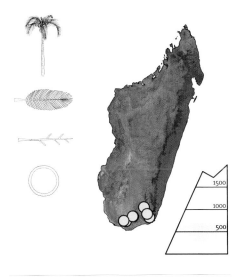

Fampiasana azy
Fandrariana harona sy satroka ny ravina.

Sata-piarovana
Tandindonin-doza.

Toerana ahitana azy
Ala tsiloinan'ny *Didieraceae/Euphorbia* na ala maina ambany toerana, ambony tany mena (laterite) na "gneiss"; 200–700 m ambonin'ny ranomasina. Mety mivondrona faniry.

Satrapotsy tokam-paniry sy salasalany, mirefy 8 m; voarakotry ny foto-dravina sisa tavela ny vata-kazo. **Ravina** miisa (11–)18–22; mirefy 22–60 sm ny taho-dravina, mirefy 1–2.1 m ny taho mitondra ny ravina, miloko maitso tanora ary misy volo miloko fotsy miendrika kifafa, miisa 47–55 ny zana-dravina isaky ny andanin'ny taho, mirefy 64(94) × 2.4 sm. **Vondrom-bony** lahy sy vavy misaraka foto-kazo samihafa, tokam-paniry na ny lahy na ny vavy, ary tokan-tsampana, mirefy 1.5–7.5 sm ny taho-dravina madiniky ny lahy, ny an'ny vavy mirefy 5–33 sm. **Voankazo** miloko mavo, mirefy 15–22 × 17–27 mm, miisa 1-, 2- na 3 ny vihy, mibontana raha vao misy vihy mihoatra ny 1.

Ravenea xerophila, Antanimora

Karazana mitovitovy aminy:

Tsy misy.

Ravenea lakatra

Lakatra, tsilanitafika

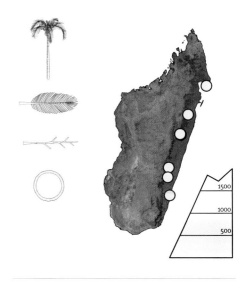

Ahafantarana azy:

- Mikitohatohatra ny vata-kazo (ny tena marina dia tafajanona ireo foto-dravina mitapelaka nanarona ny vatan-kazo).
- Mafy be ny vatan-kazo manontolo.
- Izy irery no manana vihy misy tendro maranitra ao anatin'ny karazana.

Fampiasana azy
Fanamboarana satroka ny vahiny. Fioty ny ravina tanora hany ka tanora lalandava ny hazo.

Sata-piarovana
Tandindonin-doza.

Toerana ahitana azy
Ala mando ambany toerana na an-tehezana na an-tampon-tendrombohitra; 90–850 m ambonin'ny ranomasina.

Satrapotsy mirefy 14 m, voarakotra foto-dravina mitapelaka sisa tavela ny faritra ambonin'ny vatan-kazo; fohy, mijaridina ary mafy ny foto-dravina mitapelaka sisa tavela anatin'ny tonon'ny hazo; mafy be ny hazo, ary misy sosona tadiana miloko mainty. **Ravina** miisa 8–10; miolaka fipetraka; mirefy 80–160 sm ny taho-dravina, mirefy 2.3–3.5 m ny taho mitondra ny ravina; miisa 87–98 ny zana-dravina isaky ny andanin'ny taho, mirefy 77 × 4.7 sm. **Vondrom-bony** lahy sy vavy misaraka foto-kazo samihafa, tokam-paniry sy tokan-tsampana na ny vavy na ny lahy, mirefy 6–30 sm ny tahom-bondrom-bony madiniky ny lahy, ny an'ny vavy mirefy 7–65 sm. **Voankazo** manompy mainty, somary boribory, mirefy 15–20 × 18–21 mm, misy sisa-tendrom-bavim-bony, miisa 1-/2-/3 ny vihy. **Vihy** miloko mainty, mirefy 9–10 mm.

Karazana mitovitovy aminy:

Tsy misy.

Ravenea lakatra, Manombo

Ravenea albicans

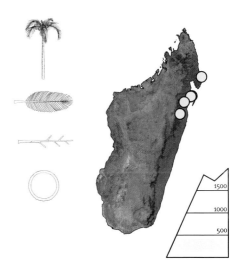

Ahafantarana azy:

- Fotsy ny fanambanin'ny zana-dravina.
- Voatsipitsipika ny taho-dravina.
- Satrapotsy manangona sisa-dravina efa maina sy lo.

Fampiasana azy
Fihinanan ny ôvany.

Sata-piarovana
Tandindonin-doza.

Toerana ahitana azy
Ala mando ambany toerana, an-tehezana na an-tampon-tendrombohitra; 100–400 m ambonin'ny ranomasina.

Satrapotsy salasalany, maniry ambany, manangona ravina efa maina sy lo, mirefy 9 m ny vata-kazo, ary matetika voarakotra foto-dravina efa lo. **Ravina** miisa 8–10; mahitsy; mirefy 0–34 sm ny taho-dravina, mirefy 3.7 m ny taho mitondra ny ravina ary voasoritsoritra volo-tany tanora ny faritra miloko volon-tany antitra, miisa 45–48 ny zana-dravina isaky ny andanin'ny taho, mirefy 93 × 8 sm. **Vondrom-bony** lahy sy vavy misaraka foto-kazo samihafa, tokam-paniry sy tokan-tsampana na ny vavy na ny lahy, matetika takona anatin'ny foto-dravina mitapelaka, mirefy 5–8 sm ny taho-bondrom-bony madiniky ny lahy, ny an'ny vavy mirefy 16–29 sm. **Voankazo** tsy fantatra ny momba azy.

Karazana mitovitovy aminy:

Tsy misy.

Ravanea albicans, Ambatovaky

Ravenea louvelii

Lakamarefo, siraboto

Ahafantarana azy:

- Satrapotsy mitolefika faniry ary manangona ravina efa maina sy lo.
- Henjana sy hetihety ny zana-dravina.
- Anatin'ny ravina ny ampaham-bondrom-bony.

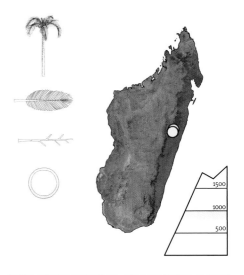

Fampiasana azy
Tsy mbola fantatra.

Sata-piarovana
Tena tandindonin-doza.

Toerana ahitana azy
Ala mando an-tehezan-tendrombohitra manakaiky ny tampony, 800–1000 m ambonin'ny ranomasina.

Satrapotsy salasalany, manangona ravina efa maina sy lo, mirefy 3 m, voarakotra foto-dravina sisa tavela ny faritra ambonin'ny vatan-kazo. **Ravina** miisa 9–14; mirefy 50–130 sm ny taho-dravina, voarakotra kira miloko volo-tany mazava, mirefy 2–3 m ary misy kira miloko volo-tany ny taho mitondra ny ravina, miisa 80–104 ny zana-dravina isaky ny andanin'ny taho, mirefy 67 × 2.6 sm. **Vondrom-bony** lahy sy vavy misaraka foto-kazo samihafa, tokam-paniry sy tokan-tsampana na ny vavy na ny lahy, saron'ny foto-dravina mitapelaka, mirefy 1–7 sm ny taho-bondrom-bony madiniky ny lahy, ny an'ny vavy mirey 2.5–7 sm. **Voankazo** manompy volomparasy, boribory, mirefy 13–14 × 15–20 mm, misy sisa-tendrom-bavim-bony, miisa 1-/2-/3- ny vihy. **Vihy** miloko mainty, mirefy 9–13 × 6–9 mm.

Ravenea louvelii

Ravenea louvelii

Karazana mitovitovy aminy:

Tsy misy.

Ravenea louvelii, Andasibe

Karazana *Orania*

Orania ravaka

Orania trispatha

Sindro, sindroa, anivo, ovobolamena

Ahafantarana azy:

- Satrapotsy tokam-paniry mirefy 22 m, ravina 2 laharana.
- Tendro-dravina mibiloka sy mikinifinify.
- Vondrom-bony anatin'ny ravina, 3–4 sampana.

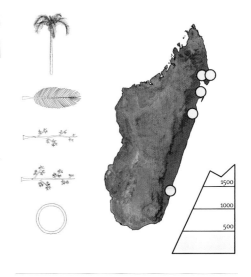

Fampiasana azy
Fanamboarana trano ny hazony.

Sata-piarovana
Ambony ny taha-pahandringanana.

Toerana ahitana azy
Ala mando amin'ny toerana midadasika manakaiky rano, anaty honahona; 50–400 m ambonin'ny ranomasina.

Satrapotsy tokam-paniry, mirefy 22 m; vata-kazo mibontsina ifotony; tsy misy fonom-batan-kazo ambony. **Ravina** miisa 10–12, 2 laharana, somary mijaridina, fanimpa endrika; mirefy 60 sm eo eo ho eo ny foto-dravina mitapelaka, manome taho-dravina mirefy 0.7–2 m izay misy volo miloko volo-tany manompy mena arefesina ary savohina fotsy; mirefy 2–2.3 m ny taho mitondra ny ravina; miisa 60–65 ny zana-dravina isaky ny andanin'ny taho, mirefy 99 × 9.5 sm, mibiloka sy mikinifinify ny tendrony. **Vondrom-bony** anatin'ny ravina, 3–4 sampana, mirefy 15–46 sm ny taho madinika. **Voankazo** miloko maitso, somary boribory na lavalava boribory ary mirefy 3.9–4.5 sm ny savaivo, saingy misy bontana 2 na 3 na mihoatra ary mirefy 5–5.5 × 5–8 sm. **Vihy** manana atiny ranoray

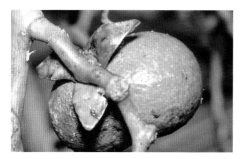

Orania trispatha

Karazana mitovitovy aminy:

O. ravaka.

Orania trispatha, Masoala

Orania ravaka

Sindro, vapakafotsy

Ahafantarana azy:

- Satrapotsy tokam-paniry, mirefy 15 m ary manana ravina 2 laharana

- Tendron-dravina mibiloka sy mikinifinify.

- Vondrom-bony anatin'ny ravina, 2 sampana.

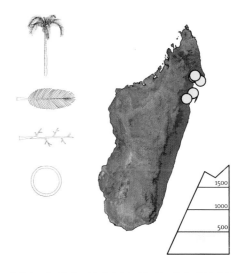

Fampiasana azy
Tsy mbola fantatra.

Sata-piarovana
Marefo.

Toerana ahitana azy
Ala mando, amoron'ny tampon- tendrombohitra ary anaty lohasaha; 200–550 m ambonin'ny ranomasina.

Satrapotsy tokam-paniry mirefy 15 m; vatan-kazo mibontsina ifotony ary miseho faka; tsy misy fonom-batan-kazo ambony. **Ravina** miisa 6–8, 2 laharana, miolaka fipetraka mazava; mirefy 35 sm ny foto-dravina mitapelaka, misokatra; mirefy 30 sm ny taho-dravina; mirefy 1.2–1.8 m ny taho mitondra ny ravina; miisa 33–44 ny zana-dravina isaky ny andanin'ny taho; mirefy 78 × 5 sm, mibiloka sy mikinifinify ny tendro. **Vondrom-bony** anatin'ny ravina, 2 sampana, mirefy 7–40 sm ny taho madinika. **Voankazo** miloko mavo na volon-tany tanora, boribory mazava na lavalava boribory, mirefy 4–6 sm ny savaivo. **Vihy** somary boribory, mirefy 2.5–4 sm, ranoray ny atim-bihy.

Orania ravaka

Karazana mitovitovy aminy:

O. trispatha – ***O. ravaka*** miavaka noho izy manana zana-dravina vitsy kokoa sy kely kokoa ary vondrom-bony 2 sampana.

Orania ravaka, Mananara Avaratra

Orania longisquama

Ahafantarana azy:

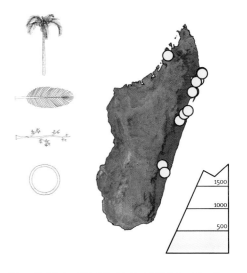

- Satrapotsy tokam-paniry ary mirefy 20 m.
- Tendro-dravina mibiloka sy mikinifinify.
- Vondrom-bony anatin'ny ravina, 3 sampana.

Fampiasana azy
Fanamboarana rindrina ny hazony.

Sata-piarovana
Vitsy.

Toerana ahitana azy
Anaty ala ifototry ny solampin-tendrombohitra, an-tenantenany na an-tampon-tendrombohitra; 40–550 m ambonin'ny ranomasina.

Satrapotsy tokam-paniry mirefy 20 m; matetika hita ety ivelany ny faka ary mibontsina ny fototry ny vatan-kazo; tsy misy fonom-batan-kazo ambony. **Ravina** miisa 8–15, miolaka fipetraka; mirefy 26–40 sm ny foto-dravina mitapelaka, miloko maitso; mirefy 33–120 sm ny taho-dravina; mirefy 1.3–2 m ny taho mitondra ny ravina; miisa 47–65 ny zana-dravina isaky ny andanin'ny taho, mirefy 88 × 5 sm, mikinifinify ny tendro. **Vondrom-bony** anatin'ny ravina, 3 laharana, mirefy 8–36 sm ny taho madinika. **Voankazo** miloko maitso, boribory na miendrika atody, indraindray misy bontana 2 na 3, mirefy 4–5.5 × 3–4.5 sm. **Vihy** boribory, mirefy 3–4.4 sm, ranoray ny atim-bihy.

Orania longisquama

Karazana mitovitovy aminy:

Mitovy amin'ny ***Ravenea madagascariensis*** rehefa tsy mamelana, saingy ny *O. longisquama* dia miavaka noho izy misy tendro-jana-dravina mikinifinify ary miloko fotsy ny fanambanin'ny zana-dravina.

Orania longisquama, Betampona

MISAMPAN-TOKANA   2 SAMPANA   3 SAMPANA   4 SAMPANA

k3(b)   k3(b)   k3(a)

F   E

KARAZANA A

a1 Tsy voazarazara ny ravina ary mizara roa mazava ny tendrony (mahalana
    no miisa roa ireo zana-dravina mandeha tsiroaroa, ary kely ireo zana-
    dravina eny ambany) a2
    Voazarazara roa ny ravina ho an'ny taho vaki-felana, na voazara zana-
    dravina maro isaky ny andanin'ny taho mitondra azy a17
a2 Voazara hatreo amin'ny an-tsasakin'ny halavany na mihoatra ny ravina a3
    Voazara hatreo amin'ny an-tsasakin'ny halavany na latsaka ny ravina a10
a3 Latsaka indroan'ny halavan'ny kira afovoany no halavan'ny fizaràn'ny
    tendro-dravina a4
    Mihoatra in-telon'ny halavan'ny kira afovoany no halavan'ny fizaràn'ny
    tendro-dravina a7
a4 Mirefy 29–48 sm ny takela-dravina a5
    Mirefy 17–26 sm ny takela-dravina a6
a5 Mirefy 13 sm eo ho eo ny taho tsy misampana mitondra ny vondrom-bony;
    mirefy 9 sm eo ho eo ny taho tsy misampana izay mitondra avy hatrany
    ireo vony .... *D. acaulis* (p. 150)
    Mirefy 22–33 sm ny taho tsy misampana mitondra ny vondrom-bony; mirefy
    13–22 sm ny taho tsy misampana izay mitondra avy hatrany ireo vony .... *D. andapae* (p. 111)
a6 Lava toy ny kiran-dravina ny fizaràn'ny tendro-dravina; mihidy ny foto-
    dravina mamono ny vatan-kazo, mirefy 5–6.5 mm ny voankazo .... *D. heterophylla* (p. 103)
    Indroan'ny halavan'ny kiran-dravina afovoany no halavan'ny tendro-
    dravina voazara; misokatra ny foto-dravina mitapelaka; mirefy 6–13 mm
    ny voankazo .... *D. bernierana* (p. 114)
a7 Mirefy 11–19 sm ny takela-dravina, mirefy 8–15 x 0.7–1.3 sm ny fizaràn'ny
    tendro-dravina; mirefy 2–6 sm foto-dravina mitapelaka .... *D. tenuissima* (p. 115)
    Mirefy 19–42 sm ny takela-dravina, mirefy 16–37 x 1.2–4.5 sm ny fizaràn'ny
    tendro-dravina; mirefy 6–13 sm ny foto-dravina mitapelaka a8

KARAZANA B

b33 Satrapotsy tokam-paniry; mirefy 3.5 m eo ho eo ny taho-dravina; mirefy 80–81 sm ny zana-dravina afovoany . . . . *D. moorei* (p. 133)

Satrapotsy mitangorina; < 1 m ny refin'ny taho-dravina; mirefy 52–53 sm ny zana-dravina . . . . *D. antanambensis* (p. 137)

b34 Mirefy 3–11 sm ny zana-dravina afovoany, rotidrotika ny tendrony . . . . *D. thiryana* (p. 106)

Manify sy hety ny zana-dravina afovoany ary matsoko ny tendrony b35

b35 Mirefy 20–40 sm ny foto-dravina mitapelaka; matetika > 12 sm ny refin'ny taho-dravina b36

Mirefy 5–19 sm ny foto-dravina mitapelaka; matetika < 10 sm ny refin'ny taho-dravina b38

b36 Mirefy 75–100 sm ny taho-dravina; mirefy 38–51 sm ny zana-dravina afovoany . . . . *D. pusilla* (p. 137)

Mirefy 6–32 sm ny taho-dravina; mirefy 52–53 sm ny zana-dravina b37

b37 Satrapotsy mitangorina, misampana; mirefy 2–10 sm ny taho madinika; voafariparitra ny atim-bihy . . . . *D. andrianatonga* (p. 82)

Satrapotsy tokam-paniry, tsy misampana; mirefy 10–25 sm ny taho madinika; ranoray ny atim-bihy . . . . *D. acuminum* (p. 81)

b38 Miisa 19–21 ny zana-dravina isaky ny andanin'ny taho; mirefy 2–7 sm ny savaivon'ny taho; mirefy 12–26 mm ny voankazo, voafariparitra ny atim-bihy. . . . . *D. pumila* (p. 86)

Miisa 6–9 ny zana-dravina isaky ny andanin'ny taho; < 1.5 sm ny savaivon'ny taho; tsy fantatra ny momban'ny voankazo b39

b39 Mihoatran'ny 7 sm ny refin'ny taho madinika; miisa 3 ny lahim-bony, mibontsina ny faritra ipetrahan'ny lahim-bony . . . . *D. lokohensis* (p. 131)

Mirefy 2–7 sm ny taho madinika b40

b40 Mirefy 0.5 sm na mihoatra ny taho; miisa 6 ny lahim-bony, mibontsina ny faritra ipetrahan'ny lahim-bony . . . . *D. plurisecta* (p. 151)

Mirefy 3–12 sm ny taho-dravina; miisa 3 ny lahim-bony; zara raha mifandray ny kitapom-bony mifampiamboha . . . . *D. angusta* (p. 142)

b41 Latsaky ny 12 sm ny halavan'ny zana-dravina afovoany; rotidrotika ny tendrony b42

Matsokotsoko na matsoko maranitra ny zana-dravina afovoany b43

b42 Satrapotsy mitangorina; malama ny taho madinika; mirefy 9–11 x 3–5 mm ny voankazo . . . . *D. thiryana* (p. 106)

Satrapotsy tokam-paniry; misy kira ny taho madinika; mirefy 18 x 6 mm eo ho eo ny voankazo . . . . *D. trapezoidea* (p. 106)

b43 Miendrika atody ny zana-dravina afovoany, mirefy 2–4 sm ny tendrony, matsoko maranitra, mirefy 2–4 sm ary afaka manangona ranon'orana izy; hita any Masoala . . . . *D. caudata* (p. 95)

Matsoko ny tendron'ny zana-dravina afovoany ary somary miendrika "V" ny fotony b44

b44 Mihoatran'ny 15 sm ny refin'ny foto-dravina mitapelaka b45

Latsaky ny 15 sm ny refin'ny foto-dravina mitapelaka b51

b45 Satrapotsy misampana, mitanondrika; mirefy 40–75 sm ny taho-dravina . . . . *D. serpentina* (p. 82)

Satrapotsy tsy misampana, mijaridina; latsakin'ny 25 sm ny refin'ny taho-dravina (afa tsy ny *D. oreophila* 2–50 sm) b46

b46 Malama ny taho madinika b47

Misy kira na voloina ny taho madinika b48

b47 Miisa 25–45 ny zana-dravina isaky ny andanin'ny taho; mirefy 3–15 sm ny taho madinika; voafariparitra ny atim-bihy . . . . *D. oreophila* (p. 87)

Miisa 10–18 ny zana-dravina isaky ny andanin'ny taho; mirefy 13–30 sm ny taho madinika; ranoray ny atim-bihy . . . . *D. jumelleana* (p. 94)

b48 Mirefy 25–70 sm ny taho madinika b49

Mirefy 3–24 sm ny taho madinika b50

b49 Mirefy 21–30 sm ny foto-dravina mitapelaka; mirefy 5–24 sm ny taho-dravina . . . . *D. boiviniana* (p. 99)

Mirefy 17–20 sm ny foto-dravina mitapelaka; tsy misy taho-dravina . . . . *D. sanctaemariae* (p. 100)

b50 Miisa 25–45 ny zana-dravina isaky ny andanin'ny taho; voafariparitra ny atim-bihy . . . . *D. oreophila* (p. 87)

Miisa 11–23 ny zana-dravina isaky ny andanin'ny taho; ranoray ny atim-bihy . . . . *D. procumbens* (p. 95)

b51 Malama ny taho madinika b52

Misy kira sy voloina ny taho madinika b55

b52 Mirefy 13–30 sm ny taho madinika . . . . *D. jumelleana* (p. 94)

Mirefy 1–12 sm ny taho madinika b53

b53 Mirefy 5–6 sm ny foto-dravina; miisa 6–7 ny zana-dravina isaky ny andanin'ny taho; miisa 3 ny lahim-bony, zara raha mifandray ny kitapom-bony mifampiamboha . . . . *D. viridis* (p. 145)

Mirefy 6–12 sm ny foto-dravina; miisa 6–25 ny zana-dravina isaky ny andanin'ny taho; miisa 6 ny lahim-bony; zara raha mifandray amin'ny tahom-bony ny kitapom-bony b54

KARAZANA C

KARAZANA D

(Fanamarihana: tafiditra anatin'ity karazana ity ny *D. thouarsiana* saingy noho ny tsy fahampian'ny antontan-kevitra momba azy dia tsy ho hita ato izy)

KARAZANA E

e33   e26   e26

e54 Mivondrona ny zana-dravina, mirefy 8–24 sm eo afovoany; mirefy 0.7–6.5 sm
ny taho madinika . . . . *D. scottiana* (p. 92)

Tsy mitovy elanelana ny zana-dravina, mirefy 21–43 sm eo afovoany;
mirefy 4–20 sm ny taho madinika . . . . *D. mcdonaldiana* (p. 93)

e55 Mirefy 1–9 sm ny taho lehibe ialan'ny taho madinika mitondra ny
vondrom-bony . . . . *D. corniculata* (p. 105)

Mirefy 10–36 sm ny taho lehibe ialan'ny taho madinika mitondra ny
vondrom-bony . . . . *D. confusa* (p. 107)

KARAZANA F

f1 Roa sampana ny vondrom-bony f2
Misampana 3–4 ny vondrom-bony f19

f2   f19   f19

f2 Feno kira madinika sy miparitaka ny fanambanin'ny takela-dravina f3
Tsy misy kira madinika sy miparitaka ny fanambanin'ny takela-dravina f11

f3 Anaty rano na manakaiky rano ireo satrapotsy tsy misy taho; mirefy 21–24
× 1–1.5 sm ny zana-dravina . . . . *D. aquatilis* (p. 140)
Satrapotsy misy taho mazava f4

f4 Satrapotsy tokam-paniry, mirefy 20–30 sm ny savaivon'ny vatan-kazo; mirefy
1 m eo ho eo ny foto-dravina mitapelaka, feno volo miloko mena . . . . *D. perrieri* (p. 132)
Satrapotsy mitangorina (indraindray no tokam-paniry), latsaky ny 12 sm
ny savaivon'ny taho; latsaky ny 60 sm ny halavan'ny foto-dravina
mitapelaka f5

f5 Mifandray ny zana-dravina farany ambony ary mihoatran'ny 5 sm ny
halavany, maro am-pototra; fanimpa endrika f6
Mitovy amin'ny hafa ny zana-dravina farany ambony, tokana am-pototra f7

f6 Feno kira lava mahia ny zana-dravina ary rotidrotika ny tendrony; miisa 6 ny
lahim-bony . . . . *D. faneva* (p. 98)
Tsy misy kira lava mahia ny zana-dravina ary rotidrotika ny tendrony; miisa
3 ny lahim-bony . . . . *D. paludosa* (p. 129)

f7 Satrapotsy hita amorontsiraka, maniry akaiky ranomasina; ranoray ny
atim-bihy f8
Satrapotsy hita afovoan-tany; voafariparitra ny atim-bihy f9

f8 Mirefy 19–37 sm ny taho-dravina; miisa 44–59 ny zana-dravina isaky ny
andanin'ny taho . . . . *D. lutescens* (p. 84)
Mirefy 60–72 sm ny taho-dravina; miisa 28–30 ny zana-dravina isaky ny
andanin'ny taho . . . . *D. arenarum* (p. 85)

f9 Satrapotsy misampana ary mitanondrika ny tahony, mirefy 1.5–2.5 sm ny
savaivo; mirefy 4–14 sm ny taho lehibe ialan'ny taho madinika
mitondra ny vondrom-bony . . . . *D. andrianatonga* (p. 82)
Miatrika, tsy misampana, mirefy 2–12 sm ny savaivon'ny taho; mirefy
10–35 sm ny taho lehibe ialan'ny taho madinika mitondra ny
vondrom-bony f10

f10 Voafariparitra lalina ny atim-bihy (mihoatran'ny 7 mm ny halaliny) . . . . *D. heteromorpha* (p. 81)
Voafariparitra marivo ny atim-bihy (< 3 mm) . . . .*D. baronii* (p. 80)

f11 Mirefy 120 sm eo ho eo ny zana-dravina afovoany . . . . *D. ligulata* (p. 59)
Latsaky ny 50 sm ny halavan'ny zana-dravina afovoany f12

f12 Mibontsina ny fototrin'ny sampam-bondrom-bony voalohany; tadiana
matevina ny faritra farany ambonin'ny vatan-kazo f13
Tsy misy fototra ny vondrom-bony, madio ny vatan-kazo f15

f13 Mihoatran' ny 30 sm ny halavan'ny taho-dravina; latsaky ny 1,7 m ny
halavan'ny taho lehibe mitondra ny zana-dravina; tsy misy kira
madinika sy miparitaka ny fanambanin'ny takela-dravina ary
rotidrotika ny tendrony . . . . *D. dransfieldii* (p. 134)

Mirefy 39–100 sm ny taho-dravina; mihoatran'ny 2 m ny halavan'ny taho
lehibe mitondra ny zana-dravina; misy kira madinika sy miparitaka ny
fanambanin'ny takela-dravina ary rotidrotika ny tendrony f14

Dypsis bejofo

Bejofo, hovotraomby, tavilona

Ahafantarana azy:

- Satrapotsy tokam-paniry, mirefy 1–2 m ny fonom-batan-kazo ambony, savohina sy miloko fotsy.
- Vondrom-bony ambanin'ny ravina.
- Maro sy matevina ny triatran'ny vihy, 1–9 mm no halalin'ny filetehan'ny triatra mihazo ny atim-bihy.

Fampiasana azy
Tsy mbola fantatra.

Sata-piarovana
Tandindonin-doza.

Toerana ahitana azy
Faritra iva, mando; solampin-tendrombohitra mitsatoka; 200–400 m ambonin'ny ranomasina.

Satrapotsy tokam-paniry, mirefy 25 m. savohina, miloko fotsy ary mirefy 1–2 m ny fonom-batan-kazo ambony. **Ravina** miisa 7–10, 3 laharana, miolakolana fipetraka; mirefy 1–2 m ny foto-dravina mitapelaka; mirefy 12–34 sm ny taho-dravina; mirefy 3–6 m ny taho lehibe ialan'ny taho madinika; miisa 80–100 ny zana-dravina isakin'ny andnin'ny taho, mivondrona tsidimidimy hatramin'ny tsifitofito, ary tsy miray zotra, mirefy 144 × 4 sm. **Vondrom-bony** ambanin'ny ravina, 2(–3) sampana; mirefy 20–44 sm ny taho madiniky ny vondrom-bony. **Voankazo** lavalava boribory, mirefy 20–25 × 18–21 mm, tadiana ny fonom-boa anatiny indrindra. **Vihy** boribory lavalava, miloko mainty, feno triatra maro sy matevina, tafaletika lalina, mirefy 17–23 × 15–20.5 mm.

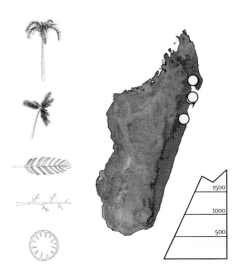

Karazana mitovitovy aminy:

D. canaliculata – mety efa ho lany tamingana noho izy tsy hita intsony 50 taona mahery izay. Any Manongarivo sy akaikin'Ampasimanolotra no toerana mba hany nahitana azy. Mety mihavaka ihany izy noho ny fisian'ny kira lava sy tendro rotidrotika eo amin'ny kiran-dravina afovoany, sy ny kira miparitaka ary ny tsy fisian'ny taho-dravina. **D. hovomantsina** sy **D. pilulifera** (rehefa tsy vaki-vony na vaki-voa).

Dypsis bejofo, Masoala

Dypsis hovomantsina

Ahafantarana azy:

- Savohina sy miloko fotsy ny fototry ny foto-dravina mitapelaka, miloko mena sy voloina ny faritra manakaikin'ny tendro.
- Vondrom-bony ambanin'ny ravina, 2–3 sampana.
- Mirefy 1–1.2 m ny fonom-batan-kazo ambony.

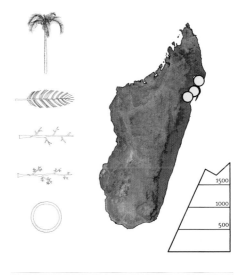

Fampiasana azy
Fihinana ny ôvany na misy fofona aza.

Sata-piarovana
Tahapaharinganana ambony.

Toerana ahitana azy
Ala mando, solampin-tendrombohitra mitsatoka na akaiky lohasaha na manamorona ny tampon-tendrombohitra; 50–300 m ambonin'ny ranomasina.

Satrapotsy tokam-paniry, mirefy 15 m. Mirefy 1–1.2 m ny fonom-batan-kazo ambony, lehibe, miloko fotsy savohina ny fotony, manompy mena sady voloina ny tendrony. **Ravina** miisa 6–7; mirefy 10–56 sm ny taho-dravina; mirefy 3–3.5 m ny halavan'ny taho mitondra ny ravina; miisa 80–96 ny zana-dravina isaky ny andanin'ny taho, ary mivondrona tsitelotelo hatramin'ny tsieninenina, mirefy 135 × 4 sm. **Vondrom-bony** ambanin'ny ravina, 2–3 sampana. Mirefy 16–40 sm ny taho madiniky ny vondrom-bony. **Voa** tsy fantatra ny momba azy. **Vihy** miendrika atody fa mivelatra kokoa ny faritra ambony, mirefy 9–10 × 7–8 mm, ranoray ny atim-bihy.

Karazana mitovitovy aminy:

D. ankaizinensis – tsy hita intsony 80 taona lasa na mahery izay. Ny tendrombohitr'i Tsaratanana no mba hany toerana nahitana azy. Mety mihavaka izy noho ny foto-dravina malama ananany.

Dypsis hovomantsina, Soanierana-Ivongo.

Dypsis ceracea

Lafaza

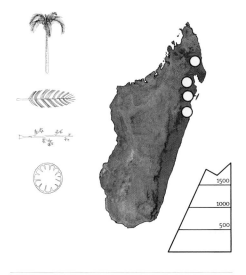

Ahafantarana azy:

- Satrapotsy tokam-paniry, miloko fotsy sy savohina ny foto-dravina mitapelaka.
- Vondrom-bony anatin'ny ravina, 3 sampana fara-faha-keliny.

Fampiasana azy
Fanamboarana tafo bongo ny ravina.

Sata-piarovana
Tandindonin-doza.

Toerana ahitana azy
Ala mando sy toerana iva; 450 m ambonin'ny ranomasina. Hita vao haingana tany Ambatovaky.

Satrapotsy tokam-paniry mirefy 15 m. Mavony ny vata-kazo. **Ravina** manana foto-dravina mitapelaka afovoany miloko volon-tany ary savohina matevina; mirefy 35 sm eo ho eo ny taho-dravina; mivondrona tsiefatrefatra hatramin'ny tsieninenina ny zana-dravina, mirefy 92 × 3.2 sm. **Vondrom-bony** anatin'ny ravina, 3 sampana fara-faha-keliny . Mirefy 16–30 sm ny taho madiniky ny vondrom-bony. **Voankazo** boribory lavalava, tadiana ny fonom-boa anatiny indrindra, mirefy 16–20 × 8.5–12.5 mm. **Vihy** boribory lavalava, mirefy 12–13 × 5–6 mm, voafariparitra lalina ny atim-bihy.

Karazana mitovitovy aminy:

Mitovy amin'ny **D. pilulifera** saingy kelikely ny vatany sady manify, maro sampana kokoa ny vondrom-bony ary madinika kokoa ny voankazo.

Dypsis ceracea, Ambatovaky

Dypsis ampasindavae

Lavaboka

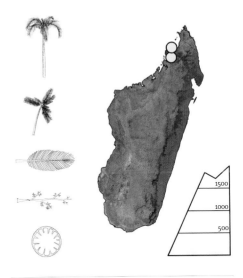

Ahafantarana azy:

- Satrapotsy tokam-paniry, mibontsina ny fotony ary misoritra ety ivelany ny faka.
- Telo laharana ny ravina.
- Vondrom-bony anatin'ny ravina, 3 sampana.

Fampiasana azy
Anaovan-trano, fihinana ny ôvany.

Sata-piarovana
Tandindonin-doza.

Toerana ahitana azy
Ala mando amin'ny toerana iva, afovoan'ny tehezan-tendrombohitra mitsatoka; 10–200 m ambonin'ny ranomasina.

Satrapotsy tokam-paniry mirefy 15 m. mibontsina ny fotony ary misoritra ety ivelany ny faka.
Ravina miisa 9–11, 3 laharana, mihodina fipetraka; mirefy 110–146 sm ny foto-dravina, miloko maitso tanora, savohina; tsy misy taho-dravina na misy ihany fa mirefy 18 sm eo ho eo; mirefy 3.6–5 m ny taho lehibe mitondra ny zana-dravina; miisa 84–103 ny zana-dravina isaky ny andanin'ny taho, mirefy 170 × 5.1 sm. **Vondrom-bony** anatin'ny ravina, 3 sampana; mirefy 24–58 sm ny taho madiniky ny vondrom-bony.
Voa miendrika atody, mirefy 10–13 × 7.5–9 mm.
Vihy boribory lavalava, mirefy 9–11 × 7–8 mm, voafariparitra ny atim-bihy.

Karazana mitovitovy aminy:

Mitovy amin'ny **D. tsaravoasira** sy **D. pilulifera**, nefa miavaka ihany izy noho ny fananany taho-bondrom-bony lava sy atim-bihy voafariparitra.
D. ligulata – mety efa ho lany tamingana, tsy hita nandritry ny 80 taona mahery. Hita tany avaratra andrefan'i Madagasikara.

Dypsis ampasindavae, Nosy Be

Dypsis tsaravoasira

Tsaravoasira, hovotravavy, lavaboko, ovotaitso

Ahafantarana azy:

- Satrapotsy midasidasy, 3 laharana.
- Voarakotra tsipika manify mandry miavaka tsara ny vatan-kazo.
- Fonom-batan-kazo ambony miloko maitso, mibontsina, mirefy 1–1.5 m.
- Vondrom-bony ambanin'ny ravina, 3 sampana farafahakeliny.

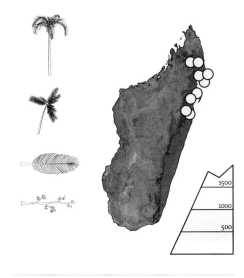

Fampiasana azy
Fihinana ny ôvany.

Sata-piarovana
Tandindonin-doza.

Toerana ahitana azy
Ala mainty tsy dia mikitroka loatra, an-tampony na an-tehezan-tendrombohitra mitsatoka na manamorona ny tampon'ny banja; 275–1050 m ambonin'ny ranomasina.

Satrapotsy tokam-paniry mirefy 25 m; voarakotra tsipika manify mandry miavaka tsara ny vatan-kazo. Miloko maitso ny fonom-batan-kazo ambony, mibontsina, mirefy 1–1.5 m. **Ravina** miisa 5–9, 3 laharana, henjana ary miha-mihodina fipetraka; mirefy 60–150 sm ny foto-dravina; tsy misy taho-dravina na misy fa mirefy 13 sm na mihoatra; mirefy 2–3.5 m ny taho lehibe mitondra ny zana-dravina, miisa 102–120 ny zana-dravina isaky ny andanin'ny taho, mitovy elanelana, mirefy 135 × 3.1 sm. **Vondrom-bony** ambanin'ny ravina, telo sampana; mirefy 13–53 sm ny taho madinika. **Voankazo** tanora no ahalalana azy, boribory, mirefy 4–5 × 5–5.5 mm.

Karazana mitovitovy aminy:

D. ampasindavae sy **D. pilulifera** miavaka noho ny fananany taho madinika kely kokoa.

Dypsis tsaravoasira, Marojejy

Dypsis nauseosa

Rahoma, *mangidibe*, *laafa* (amin'ny ankapobeny)

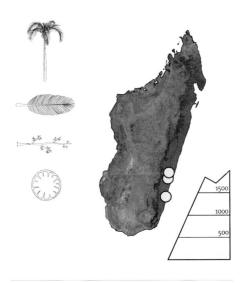

Ahafantarana azy:

- Satrapotsy tokam-paniry, mirefy 15 m.
- Miolaka fipetra ny ravina.
- Vondrom-bony ambanin'ny ravina, 3 sampana.

Fampiasana azy
Anaovana tafo-trano ny hazo, anaovana gorodona ny hoditry ny tahony. Voalaza fa misy pozina ny ôvany satria mangidy.

Sata-piarovana
Tahapaharinganana ambony.

Toerana ahitana azy
Alan'atsinanana, mety hita any amin'ny faritra maina kokoa; 50–200 m ambonin'ny ranomasina.

Satrapotsy tokam-paniry mirefy 15 m; mibontsina ny fotony. **Ravina** miisa 12–13, somary mahitsy fipetraka; mirefy 91–105 sm ny foto-dravina mitapelaka; tsy misy taho-dravina na misy fa mirefy 27 sm na mihoatra; mirefy 3.4–3.9 m ny taho lehibe mitondra ny zana-dravina; miisa 108–131 ny zana-dravina isaky ny andanin'ny taho, mirefy 133 × 4.3 sm. **Vondrom-bony** ambanin'ny ravina, 3 sampana; mirefy 14–47 sm ny taho madinika. **Voankazo** tanora no ahafanatrana azy, lavalava boribory. **Vihy** lavalava boribory, mirefy 15–16 × 12–14 mm, voafariparitra ny atim-bihy.

Karazana mitovitovy aminy:

D. ampasindavae sy *D. pilulifera*.

Dypsis nauseosa, Manombo

Dypsis oropedionis

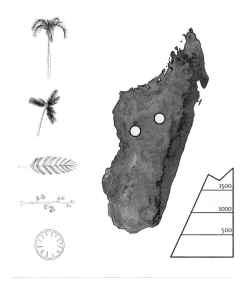

- Satrapotsy tokam-paniry mirefy 20 m, hita any anatin'ny sisan'ala ambony tanetin'ny afovoan-tany.
- Hita tsara ary miloko maitso manompo volon-davenona'ny fonom-batan-kazo ambony.

Fampiasana azy
Tsy mbola fantatra.

Sata-piarovana
Tahapahringanana ambony.

Toerana ahitana azy
Sisan'ala maina maitso ambonin'ny tanetin'ny afovoan-tany; 1100–1450 m ambonin'ny ranomasina.

Satrapotsy tokam-paniry mirefy 20 m. Hita mazava tsara ny vaniny. Miloko maitso manompo volondavenona ny fonom-batan-kazo ambony, savohina miloko fotsy. **Ravina** miisa 6–11, 3 laharana, mihodina fipetraka; mirefy 80–157 sm ny foto-dravina mitapelaka; mirefy 25–30 sm ny taho-dravina; mirefy 3 m eo ho eo ny taho lehibe mitondra ny zana-dravina, miisa 80–172 ny zana-dravina isaky ny andanin'ny taho, mivondrona tsitelotelo hatramin'ny tsisivisivy ary tsy miray zotra, mirefy 110 × 3.5 sm. **Vondrom-bony** ambanin'ny ravina, 3 sampana; mirefy 10–37 sm ny taho-dravina madinika. **Voa** boribory lavalava, mirefy 7.5–10 × 6–7.5 mm. **Vihy** somary boribory na lavalava boribory, mirefy 7–8 × 5.5–6 mm, voafariparitra ny atim-bihy.

D. pilulifera, mampiavaka azy ny atim-bihy voafariparitra.

Dypsis oropedionis, Ambohitsoratelo

Dypsis pilulifera

Hozatanana, lavaboko, ovomamy

Ahafantarana azy:

- Satrapotsy midasidasy, 3 laharana ny ravina.
- Feno tsipika mandry ny vatan-kazo.
- Vondrom-bony ambanin'ny ravina, 3 sampana farafaha-keliny.
- Midasidasy sy voarakotra kira voloina miloko mena ny foto-dravina mitapelaka.

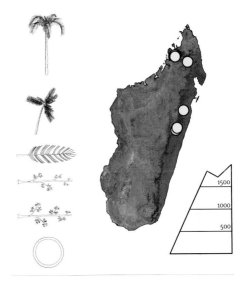

Fampiasana azy
Ôvany fihinana.

Sata-piarovana
Marefo.

Toerana ahitana azy
Ala mandon'ny faritra avo; afovoan'ny tehezan-tendrombohitra mitsatoka na mandrimandry; 750–950 m ambonin'ny ranomasina.

Satrapotsy tokam-paniry mirefy 30 m; feno tsipika mandry ny vatan-kazo; miova ho volondavenona miha volon-tany ny loko maitson'ny fonom-batan-kazo. **Ravina** miisa 4–9, 3 laharana, somary mihodina; mirefy 1.1–1.7 m ny foto-dravina mitapelaka; tsy misy taho-dravina na misy fa mirefy 40 sm na mihoatra; mirefy 2.9–5 m ny taho lehibe mitondra ny zana-dravina; miisa 70–144 ny zana-dravina isaky ny andanin'ny taho, tsy miray zotra ary somary tsy mitovy elanelana, mirefy 160 × 3.7 sm. **Vondrom-bony** ambanin'ny ravina, 3–4 sampana, miloko fotsy matroka; mirefy 20–40 sm ny taho madinikin'ny vondrom-bony. **Voankazo** boribory, 5–7 mm. **Vihy** boribory, mirefy 4–5 mm, ranoray ny atim-bihy.

Karazana mitovitovy aminy:

D. tanalensis – fantatra tamin'ny alalan'ny santiona tokana avy any Vohipeno, mitovitovy saingy manana atim-bihy voafariparitra. Miavaka amin'ny **D. mananjarensis** noho izy voarakotra kira voloina miloko mena; amin'ny **D. tsaravoasira** noho izy manana zana-dravina tsy mitovy elanelana sy tsy misy kira miparitadritaka; miavaka amin'ny **D. ampasindavae** noho izy manana taho madinika fohy kokoa sy atim-bihy ranoray.

Dypsis mananjarensis

Laafa, lakatra (anarana iraisan'ny faritra atsinanana), ovodaafa

Ahafantarana azy:

- Satrapotsy midasidasy, 3 laharana.
- Vatan-kazo feno tsipika mandry.
- Vondrom-bony ambanin'ny ravina, 3 sampana.
- Misy kira vaventy sy savohina ny foto-dravina mitapelaka.

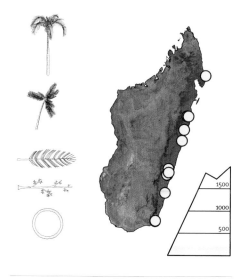

Fampiasana azy
Fihinana ny ôvany; tadiana ny taho mitondra ny ravina ary fampiasan'ny Betsimisaraka.

Sata-piarovana
Marefo.

Toerana ahitana azy
Ala mando na ala maina (efa simba); afovoan'ny tehezan-tendrombohitra mitsatoka na mandrimandry; 30–200 m ambonin'ny ranomasina.

Satrapotsy tokam-paniry mirefy 25 m; feno tsipika mandry ny vatan-kazo; miloko maitso manompy vonim-boasary ny fonom-batan-kazo ambony. **Ravina** miisa 6–10, 3 laharana, mahitsy na somary mihodina fipetraka; mirefy 0.6–1.6 m ny foto-dravina mitapelaka, misokatra ny $^1/_4$ na ny $^2/_3$-n'ny halavany, feno kira midasidasy, miloko fotsy, ary savohina; tsy misy taho-dravina na misy fa mirefy 12 sm na mihoatra; mirefy 3–3.5 m ny taho lehibe mitondra ny zana-dravina; miisa 121–149 ny zana-dravina isaky ny andanin'ny taho, somary tsy mitovy elanelana na mivondrona tsitelotelo hatramin'ny tsifitofito, saingy mazàna anaty maritoerana maromaro, mirefy 150(–300) × 4.6 sm. **Vondrom-bony** ambanin'ny ravina, 3 sampana; mirefy 17–58 sm ny taho madinika. **Voankazo** boribory, mirefy 4–6 mm. **Vihy** boribory, mirefy 3.5–4.5 mm, ranoray ny atim-bihy.

Dypsis mananjarensis

Karazana mitovitovy aminy:

***D. pilulifera**.*

Dypsis mananjarensis, Amby

Dypsis malcomberi

Rahosy, vakaka

Ahafantarana azy:

- Satrapotsy midasidasy, 3 laharana.
- Vatan-kazo feno tsipika mandry, somary mibontsina ny fotony ary misy faka vitsy mivoaka ivelany.
- Fonom-batan-kazo ambony miloko maitso, savohina, mibontsina.
- Vondrom-bony ambanin'ny ravina, 3–4 sampana.

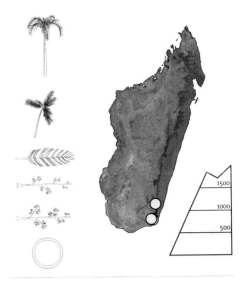

Fampiasana azy
Fanamboarana rindrina ny hazo ivelany indrindra.

Sata-piarovana
Marefo.

Toerana ahitana azy
Ala mando, afovoan'ny tehezan-tendrombohitra mitsatoka na mandrimandry; 400–800 m ambonin'ny ranomasina.

Satrapotsy tokam-paniry mirefy 25 m; mibontsina ny fototry ny vatan-kazo ary mivoaka ivelany ny faka vitsivitsy, feno tsipika mandry. Miloko maitso ny fonom-batan-kazo ambony. **Ravina** miisa 6–10, 3 laharana, somary mihodina fipetraka; mirefy 1.5–2 m ny foto-dravina mitapelaka, mikatona na misokatra ny $^1/_4$-ny halavany fara-faha-keliny, savohina, mibontsina; mirefy 20–50 sm ny taho-dravina; mirefy 3–4 m ny taho lehibe mitondra ny zana-dravina; miisa 135–188 ny zana-dravina isaky ny andanin'ny taho, somary tsy mitovy elanelana na mivondrona tsiroaroa hatramin'ny tsivalovalo, mirefy 135(–220) × 4.6 sm. **Vondrom-bony** ambanin'ny ravina, 3–4 sampana; mirefy 15–48 sm ny taho madinika. **Voa** miloko vony tanora, boribory miha-lavalava boribory, mirefy 8–10 × 4–7 mm. **Vihy** mirefy 5.5 × 4 mm eo ho eo, ranoray ny atim-bihy.

Dypsis malcomberi

Karazana mitovitovy aminy:

D. pilulifera sy **D. mananjarensis**.

Dypsis malcomberi, Andohahela

Dypsis prestoniana

Ahafantarana azy:

- Satrapotsy tokam-paniry mirefy 12 m.
- Vatan-kazo feno tsipika mandry, miloko volon-davenona tanora.
- Misokatra ny 90% n'ny halavan'ny foto-dravina mitapelaka.
- Vondrom-bony anatin'ny ravina, 3 sampana.

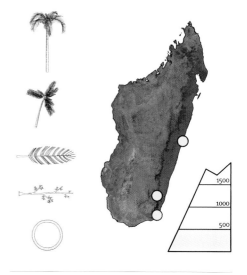

Fampiasana azy
Fihinana ny ôvany.

Sata-piarovana
Marefo.

Toerana ahitana azy
Ala mando, an-tehezan-tendrombohitra mandrimandry; 400–800 m ambonin'ny ranomasina.

Satrapotsy tokam-paniry mirefy 12 m; feno tsipika mandry miloko volon-davenona tanora ny vatan-kazo, miloko maitso ary malama ny faritra ambony. **Ravina** miisa 8–10, 3 laharana, somary mihodina fipetraka; misokatra ny 90% ny halavan'ny foto-dravina, miloko maitso miha-volon-tany tanora, savohina ary voarakotra volo miloko volon-tany; mirefy 0–17 sm ny taho-dravina; mirefy 4.4 m eo ho eo ny taho lehibe mitondra ny zana-dravina; miisa 164 ny zana-dravina isaky ny andanin'ny taho, mivondrona tsitelotelo hatramin'ny tsisivisivy, miray zotra, mivondrona matevina sy tsy mitovy elanelana, mirefy 123 × 4.7 sm. **Vondrom-bony** anatin'ny ravina, 3 sampana; mirefy 9–42 sm ny taho madinika. **Voankazo** miloko vony, lavalava boribory, mirefy 12–15 × 6–8 mm. **Vihy** mirefy 11–12 × 5–5.5 mm, ranoray ny atim-bihy.

Dypsis prestoniana, Sainte Luce

Karazana mitovitovy aminy:

D. tokoravina, miavaka noho ny foto-dravina mitapelaka miloko volom-davenona ananany.

Dypsis prestoniana, Midongy

Dypsis tokoravina

Ahafantarana azy:

- Satrapotsy vaventy, tokam-paniry ary mirefy 20 m; any anaty ala mainty.
- Foto-dravina mitapelaka vaventy, misokatra sy mibontsina.
- Vondrom-bony goavana be, mirefy 3 m eo ho eo, anatin'ny ravina, 3 sampana.

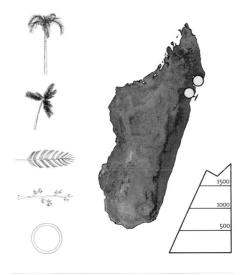

Fampiasana azy
Tsy mbola fantatra.

Sata-piarovana
Tandindonin-doza.

Toerana ahitana azy
Toerana iva anatin'ny ala mando; amoron'ny honahona anatin'ny lohasaha ambany ary an-tampon-tendrombohitra; 420 m eo ho eo ambonin'ny ranomasina.

Satrapotsy tokam-paniry mirefy 20 m eo ho eo; mirefy 60 sm eo ho eo ny savaivon'ny fototra. **Ravina** miisa 10–14, somary 3 laharana; foto-dravina mitapelaka matevina sady mafy ary manome ny fonom-batan-kazo ambony, mirefy 0.7–1 m, mibontsina be, misokatra manaraka ny lavany, miloko volon-davenona manompy volon-tany, mena mangatsaka manompo volon-tany ny atiny; mirefy 6–34 sm ny taho-dravina; mirefy 2.7 m eo ho eo ny taho-dravina madinika, miisa 80–110 ny zana-dravina isaky ny andanin'ny taho, mivondrona tsitelotelo na tsivalovalo, anaty maritoerana maromaro, mirefy 128 × 4 sm. **Vondrom-bony** anatin'ny ravina, 3 sampana, goavana be, mirefy 3 m eo ho eo; taho madinika maro sy marotsaka (tsy fantatra ny tena refiny). **Voankazo** miendrika atody ary matsoko ny fotony, mirefy 15–20 × 11–13 mm. **Vihy** tsy mbola fantatra tsara ny momba azy, ranoray ny atim-bihy.

Karazana mitovitovy aminy:

D. bejofo sy ***D.pilulifera*** saingy ahalalana azy avy hatrany ny foto-dravina mitapelaka izay misokatra. Midasidasy ihany koa ny ny foto-dravina mitapelaka izay mampitovy azy amin'ny ***D. prestoniana***, saingy io farany io dia manana vatan-kazo marotsaka kokoa ary foto-dravina mitapelaka izay miloko volon-davenona fa tsy mena manompy volon-tany.

Dypsis tokoravina, Mananara Avaratra

Dypsis ifanadianae

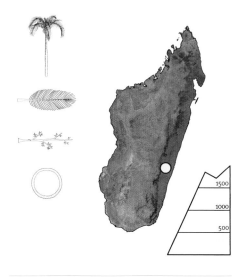

Ahafantarana azy:

- Satrapotsy tokam-paniry, marotsaka, mirefy 24 m, manify, feno tsipika mandry ny vatan-kazo hany ka mikitohatohatra.

- Mitanondrika ny zana-dravina.

- Vondrom-bony ambanin'ny ravina, 3 sampana.

Fampiasana azy
Tsy mbola fantatra.

Sata-piarovana
Ambony taha-pahandringanana.

Toerana misy azy
Ala mando any amin'ny faritra iva; an-tehezan-tendrombohitra mitsatoka; 200-450 m ambonin'ny ranomasina.

Satrapotsy tokam-paniry mirefy 24 m, marotsaka, feno tsipika mandry ny vatan-kazo hany ka mikitohatohatra. **Ravina** miisa 7, mahitsy anaty maritoerana iray ny zana-dravina kanefa somary miolaka midina ambany; mirefy 72 sm ny foto-dravina mitapelaka, misokatra ny 50–75%, miloko maitso; mirefy 30 sm ny taho-dravina; mirefy 3 m eo ho eo ny taho lehibe mitondra ny zana-dravina; miisa 55 ny zana-dravina isaky ny andanin'ny taho, mitovy elanelana, mirefy 110 × 5 sm. **Vondrom-bony** ambanin'ny ravina, 3 sampana, mirefy 12–33 sm ny taho madinika. **Voankazo** mirefy 8 × 7–10 mm. **Vihy** lavalava boribory saingy miraikitra afovoany, mirefy 6.5 × 5.5 × 8–9 mm, ranoray ny atim-bihy.

Karazana mitovitovy aminy:

D. nauseosa – fantatra noho ny voa madinika sy ny atim-bihy ranoray ananany.

Dypsis ifanadianae, Ifanadiana

Dypsis carlsmithii

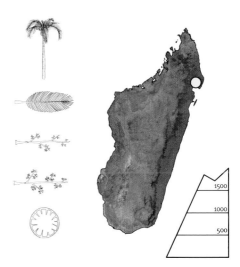

Ahafantarana azy:

- Satrapotsy tokam-paniry mirefy 6 m.
- Mirefy 140 sm ny fonom-batan-kazo ambony.
- Vondrom-bony afovoan'ny ravina, 3 na 4 sampana.
- Miloko mainty ny voa.

Fampiasana azy
Tsy mbola fantatra.

Sata-piarovana
Tsy mbola fantatra.

Toerana ahitana azy
Anaty aly ambany toerana, 200 m.

Satrapotsy tokam-paniry mirefy 6 m, indraindray mizara roa eny amin'ny tany ny vatan-kazo ka lasa misampana tsiroaroa; mirefy 140 sm eo ho eo ny foto-dravina mitapelaka. **Ravina** miondrika ary miolaka tanteraka; mirefy 140 sm eo ho eo ny foto-dravina mitapelaka, savohina ary misy kira miparitaka; mirefy 45 sm ny taho-dravina; mirefy 3 m eo ho eo ny taho lehibe mitondra ny zana-dravina, miisa 90 eo ho eo ny zana-dravina isaky ny andanin'ny taho. **Vondrom-bony** anatin'ny ravina, 3 na 4 sampana, mirefy 6–8 sm ny taho madinika madinika. **Voankazo** miloko mainty, miendrika atody na boribory lavalava, mirefy 16 × 9 mm. **Vihy** mirefy 13 × 8 mm, ranoray ny atim-bihy.

Dypsis carlsmithii

Karazana mitovitovy aminy:

Noho ny habeny no mampitovy azy amin'ny
D. bejofo, saingy io farany dia manana zana-dravina mitovy elanelana sy vondrom-bony anatin'ny ravina.

Dypsis carlsmithii, Masoala

Dypsis lastelliana

Menavozona, ravintsira

Ahafantarana azy:

- Satrapotsy tokam-paniry mirefy 15 m.
- Miloko mena manompo volon-tany ary matevina toa velora ny fonom-batan-kazo ambony.
- Vondrom-bony anatin'ny ravina, 3 sampana.

Fampiasana azy
Taloha fanaovana sira ny atiny; mangidy ny ôvany, tsy azo hanina, poizina ho an'ny Sakalava sy Tsimihety.

Sata-piarovana
Tsy atahorana ho lany tamingana. Mimparitaka eny amin'ny toerana tsy dia avo loatra.

Toerana ahitana azy
Hita eny amin'ny haavo rehetra, an-tehezan-tendrombohitra amin'ny faritra iva sy mando (gneiss, quartzite na granite), hita koa any anatin'ny al'amorontsiraka ambonin'ny fasika fotsy; 1–450 m ambonin'ny ranomasina.

Satrapotsy tokam-paniry mirefy 15 m; mibontsina ny fototrin'ny vatan-kazo; mirefy 70–75 sm ny fonom-batan-kazo ambony, rakotra volo velora miloko mena manompo volon-tany. **Ravina** miisa 9–15, mahitsy na somary mihodina fipetraka manakaiky ny tendro, mirefy 40–60 sm ny foto-dravina mitapelaka, misokatra ny ampahany; tsy misy taho-dravina na misy fa mirefy 10 sm na mihoatra; miloko mavo ary mirefy hatramin'ny 3.8 m ny taho lehibe mitondra ny zana-dravina; miisa (50–)94–102 ny zana-dravina isaky ny andanin'ny taho, mitovy elanelana, mirefy 89 × 4.3 sm. **Vondrom-bony** anatin'ny ravina, 3 sampana, mirefy 27–47 sm ny taho madinika. **Voankazo** miendrika atody saingy fisaka ny ambony, mirefy 18–24 × 12–17 mm. **Vihy** mirefy 12–21 × 10.5–16 mm, voafariparitra lalina ny atim-bihy.

Karazana mitovitovy aminy:

Miavaka amin'ny **D. leptocheilos** noho izy manana voa lehibe kokoa, taho-dravina fohy kokoa ary fono-taho madiniky ny vondrom-bony matevina kokoa.

Dypsis lastelliana, Masoala

Dypsis leptocheilos

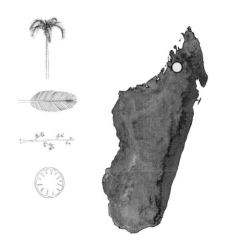

Ahafantarana azy:

- Satrapotsy tokam-paniry mirefy 10 m.
- Voarakotra volo miloko volon-tany ny foto-dravina mitapelaka.
- Mirefy 17 cm eo ho eo ny taho-dravina.
- Voankazo boribory, miloko volon-tany matroka, mirefy 12 mm ny savaivo.

Fampiasana azy
Tsy mbola fantatra.

Sata-piarovana
Tsy mbola fantatra. Karazana fantatra avy tamin'ny fambolena azy.

Toerana ahitana azy
Tsy fantatra saingy azo lazaina fa hita eny amin'ny toerana ambany sy ambony vato, anaty faritra fasihana, maina fa mando mandritry ny fihavian'ny orana.

Satrapotsy tokam-paniry mirefy 10 m. **Ravina** miisa 15 eo ho eo, matsoko; mirefy 62 sm eo ho eo ny foto-dravina mitapelaka, misokatra ny am-pahany, voarakotra volo miloko volon-tany; mirefy 17 cm ny taho-dravina; mirefy 4 m ny taho lehibe mitondra ny zana-dravina; miisa 103 ny zana-dravina isaky ny andaninin'ny taho; mirefy 85 × 4 sm. **Vondrom-bony** anatin'ny ravina saingy ambanin'ny ravina raha vao vaki-voa, 3 sampana, mirefy 30 sm ny taho madiniky ny vondrom-bony. **Voankazo** boribory, miloko volon-tany matroka, mirefy 10–12 mm. **Vihy** mirefy 8.5–10 × 8.5–9 mm, voafariparitra tsy mitovy ny atim-bihy.

Karazana mitovitovy aminy:

D. lastelliana.

Dypsis leptocheilos, hazo nambolena, Queensland

Dypsis saintelucei

- Satrapotsy tokam-paniry mirefy 10 m, hita any anatin'ny al'amorontsiraka, 3 laharana ny ravina.
- Savohina sy miloko maitso ny fonom-bata-kazo ambony.
- Tokana ny vondrom-bony, anatin'ny ravina, 3 sampana.

Fampiasana azy
Anamboarana vovona makamba na orana no mahasimba azy.

Sata-piarovana
Ambony taha-pahandringanana.

Toerana ahitana azy
Al'amoron-tsiraka ambonin'ny fasika fotsy; 10–20 m ambonin'ny ranomasina.

Satrapotsy tokam-paniry mirefy 10 m, indraindray mitangorina 2–3; miloko volon-davenona ny vatan-kazo saingy maitso ny tendrony; tena mafy, mena ny hazo; savohina ny fonom-batan-kazo ambony ary miloko maitso. **Ravina** 3 laharana, miisa 7–11; mirefy 80 sm eo ho eo ny foto-dravina mitapelaka, mikatona, savohina miloko maitso tanora, malama; tsy misy taho-dravina na misy fa mirefy 13 sm na mihoatra; mirefy 2.3–2.4 m ny taho lehibe mitondra ny zana-dravina; miisa 59–61 ny zana-dravina isaky ny andanin'ny taho, mirefy 104 × 3.7 sm. **Vondrom-bony** tokana, anatin'ny ravina, 3 sampana, mirefy 16–27 sm ny taho madinika. **Voankazo** tsy mbola fantatra. **Vihy** lavalava boribory, mirefy 11.5–13 × 7 mm, voafariparitra lalina ny atim-bihy.

D. ampasindavae – miavaka izy noho ny fananany foto-dravina mikatona sy ny vondrom-bony anatin'ny ravina.

Dypsis saintelucei, Sainte Luce

Dypsis ovobontsira

Ahafantarana azy:

- Satrapotsy tokam-paniry mirefy 10 m, miloko mavokely ny hazo.
- Miolaka fipetraka ny ravina ary mitovy elanelana ny zana-dravina.
- Vondro-bony anatin'ny ravina, 3 sampana.
- Voafariparitra ny atim-bihy.

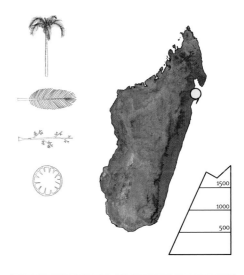

Fampiasana azy
Tsy mbola fantatra.

Sata-piarovana
Ambony taha-pahandringanana.

Toerana ahitana azy
Ala mando, an-tehezan-tendrombohitra mitsatoka; 265 m eo ho eo ambonin'ny ranomasina.

Satrapotsy tokam-paniry mirefy 10 m; miloko mavokely ny hazo, tadiana ny sosona ambanin'ny hodi-kazo. **Ravina** miisa 6, mihodina fipetraka; mirefy 62 sm eo ho eo ny foto-dravina, miloko maitso ary misy kira matevina miloko volon-tany sy fotsy; mirefy 47 sm eo ho eo ny taho-dravina, miloko maitso ary misy kira matevina miloko fotsy; mirefy 2.5–2.6 m ny taho lehibe mitondra ny zana-dravina; miisa 68–69 ny zana-dravina isaky ny andanin'ny taho, henjana, anaty maritoerana iray, mirefy 90 × 5.2 sm. **Vondrom-bony** anatin'ny ravina, 3 sampana, lava ny taho (79 sm), mirefy 10–18.5 sm ny taho madinika. **Voankazo** miloko maitso, lavalava boribory, mirefy 15–17 × 13–15 mm. **Vihy** mirefy 13–15 × 11–13 mm, voafariparitra mazava ny atim-bihy

Karazana mitovitovy aminy:

Tsy misy.

Dypsis madagascariensis

Farihazo, hirihiry, kizohazo, kindro, madiovozona

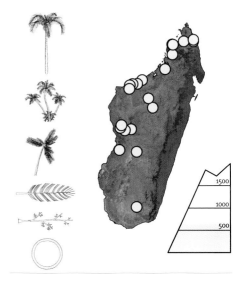

Ahafantarana azy:

- Satrapotsy tokam-paniry na miaraka tsiroaroa hatramin'ny tsiefatrefatra, mirefy 18 m.
- Vondrom-bony ambanin'ny ravina, 3 sampana.
- Ranoray ny atim-bihy.

Fampiasana azy
Ôvany matsiro; fihinan'ny ankizy ny voa; fanamboarana gorodona ny hazo ivelany.

Sata-piarovana
Vitsy.

Toerana ahitana azy
Anaty ala mando na maina mihitsan-dravina na anaty ala-na lembalemba; 1–650 m ambonin'ny ranomasina.

Satrapotsy tokam-paniry na miaraka tsiroaroa hatramin'ny tsiefatrefatra, mirefy 18 m; hazo tena mafy; miloko maitso ny fonom-batan-kazo ambony, savohina miloko fotsy. **Ravina** miisa 7–12, telo laharana, mihodina fipetraka an-tendro; foto-dravina misokatra 75% na misokatra tanteraka, mirefy 40–63 sm, miloko maitso ary savohina ny ivelany, miloko vony ny anatiny; mirefy 12–40 sm ny taho-dravina, voarakotra volo miloko mena manompo volon-tany ny fanambaniny; mirefy 1.6–3.1 m ny taho lehibe mitondra ny zana-dravina; miisa (30–)88–126(–177) ny zana-dravina isaky ny andanin'ny taho, mivondrona tsiroaroa hatramin'ny tsieninenina, tsy miray zotra, mitanondrika ny faritra ambony, mirefy 118 × 2.2(–3.2) sm. **Vondrom-bony** ambanin'ny ravina, 3 sampana (mahalana no 4), mirefy 10–40 sm ny taho madinika. **Voa** miloko volomparasy, somary miendrika atody saingy mivelatra ny tendrony ambony, na lavalava boribory, mirefy 10–16 × 5–10 mm. **Vihy** somary lavalava boribory sady hety, mirefy 9–12 × 5–6 mm; ranoray ny atim-bihy.

Karazana mitovitovy aminy:

Noho izy hazo tokam-paniry sy vaventy dia mitovy amin'ny **D. prestoniana**, saingy somary kely kokoa ny vondrom-bony ary samihafa ny toerana misy azy; ny endrika somary marotsaka kokoa no itoviany amin'ny **D. onilahensis** saingy hafa ny fipetrakin'ny zana-dravina, ny atim-bihy, ny toerana misy azy ary ny bikany.

Dypsis madagascariensis, Mahajanga

Dypsis decaryi

Ahafantarana azy:

- Satrapotsy tokam-paniry, mirefy 6 m, anaty ala maina.
- Ravina 3 laharana.
- Foto-dravina mitapelaka misokatra sy miendrika telozoro.
- Vondrom-bony anatin'ny ravina, 3 sampana.

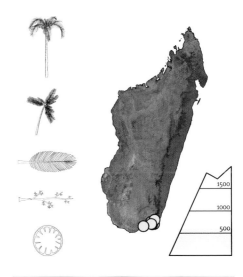

Fampiasana azy
Fanamboarana tafo bongo ny ravina; fihinan'ny ankizy sy fanamboarana zava-pisotro mahamamo ny voa; famboly any ivelany ny vihy.

Sata-piarovana
Marefo. Anatin'ny sokajy faharoan'ny CITES.

Toerana ahitana azy
Ala maina na alan-tsiloina ambonin'ny tany vatoina, afovoan'ny tehezan-tendrombohitra; 80–600 m ambonin'ny ranomasina.

Satrapotsy tokam-paniry, mirefy 6 m. **Ravina** miisa 18–24, 3 laharana; foto-dravina misokatra, mirefy 30–45 sm, miloko maitso manompy mavo sy savohina fotsy matevina, voarakotra volo matevina miloko mena raha mbola tanora; mirefy 33–50 sm ny taho-dravina; mirefy 2.2–3 m ny taho lehibe mitondra ny zana-dravina; miisa 55–77 ny zana-dravina isaky ny andanin'ny taho, mirefy 90 × 3.5 sm. **Vondrom-bony** anatin'ny ravina, 3 sampana, mirefy 12–26 sm ny taho madinika.

Voankazo miendrika atody, taty aoriana lasa somary boribory; mirefy 15–22 × 12–19 mm. **Vihy** boribory miha boribory lavalava, mirefy 17–19 × 15–17 mm, voafariparitra ny atim-bihy.

Karazana mitovitovy aminy:

Tena mitovy amin'ny **D. madagascariensis** nefa kosa miavaka izy noho ny bikany sy ny hatevin'ny raviny 3 laharana.

Dypsis decaryi, Andohahela

Dypsis decipiens

Betefaka, manambe, sihara leibe

Ahafantarana azy:

- Satrapotsy tavoahangy endrika, tokam-paniry na roa fototra, hita afovoan-tany.
- Savohina ny fonom-batan-kazo ambony, miloko volon-davenona manompo maitso.
- Vondrom-bony ambanin'ny ravina, 3 sampana.

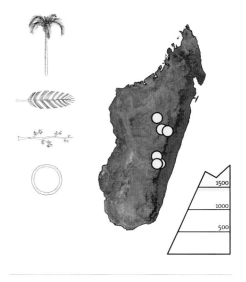

Fampiasana azy
Matsiro ny ôvany; hiarovana ny tany tsy ho lasan'ny riaka ny raviny.

Sata-piarovana
Tandindonin-doza.

Toerana ahitana azy
Ala ambony tanety (sisan'ala), na amoron'ny renirano na ambony vato; 1400–2000 m ambonin'ny ranomasina.

Vatan-kazo tokam-paniry na 2 fototra miendrika tavoahangy, mirefy 20 m; savohina ny fonom-batan-kazo ambony, miloko volon-davenona manompo maitso **Ravina** miisa 9–12, mihodina fipetraka; misokatra ny $^2/_3$ na ny antsasaky ny halavan'ny foto-dravina mitapelaka, mirefy 70 sm eo ho eo, mirefy 10–25 sm ny taho-dravina; mirefy 2.2 m eo ho eo ny taho lehibe mitondra ny zana-dravina; miisa 90 eo ho eo ny zana-dravina isaky ny andanin'ny taho, mivondrona tsiroaroa hatramin'ny tsieninenina, tsy miray zotra, mirefy 100 × 4.3 sm. **Vondrom-bony** ambanin'ny ravina, 3 sampana, mirefy 7–40 sm ny taho madinikin'ny vondrom-bony. **Voankazo** lavalava boribory na boribory ny ankamaroany, mirefy 22–25 × 20–22 mm. **Vihy** mirefy 10–20 × 11.5–18 mm, ranoray ny atim-bihy.

Karazana mitovitovy aminy:

Mora avahana. **D. ambositrae** indraindray no mitovy aminy, saingy malama kokoa ary voafariparitra ny atim-bihy.

Dypsis decipiens, Ambositra

Dypsis decipiens, Itremo. (Sary: M. Rakotoarinivo)

Dypsis basilonga

Madiovozona

Ahafantarana azy:

- Tokam-paniry mirefy 5m.
- Lehibe sy miloko fotsy ny fonom-batan-kazo ambony.
- Vondrom-bony anatin'ny ravina, 2 sampana.
- Atim-bihy voafariparitra.

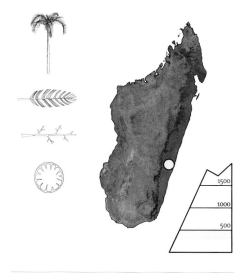

Fampiasana azy
Matsiro ny ôvany.

Sata-piarovana
Tandindonin-doza.

Toerana ahitana azy
Ala kely tampon-kazo, ala ambony havoana ambonin'ny tendrombohitra Vatovavy, Andrambovato; 300–500 m ambonin'ny ranomasina.

Satrapotsy tokam-paniry mirefy 5m; manompo fotsy ny fonom-batan-kazo ambony lehibe, mirefy 40 sm eo ho eo. **Ravina** miisa 6–7, mitanondrika fipetraka; savohina fotsy ny foto-dravina mitapelaka, mirefy 40 sm eo ho eo; mirefy 14–16 sm ny taho-dravina, voarakotra vondrom-bolo matevina; mirefy 1 m eo ho eo ny taho lehibe mitondra ny zana-dravina; miisa 30 noho mihoatra ny zana-dravina isaky ny andanin'ny taho, mivondrona tsiroaroa hatramin'ny tsitelotelo, misy elanelana be ny zana-dravina ambany indrindra sy ny zana-dravina manaraka azy, mirefy 117 × 3.1 sm. **Vondrom-bony** anatin'ny ravina, 2 sampana, mirefy 15–19 sm ny taho madinika. **Voankazo** lavalava boribory mirefy 20 × 9–10 mm eo ho eo. **Vihy** lavalava manana lafiny roa mirazotra, voafariparitra ny atim-bihy.

Karazana mitovitovy aminy:

Miavaka amin'ny **D. decipiens** noho izy tena kely kokoa sy manana vondrom-bony anatin'ny ravina ary atim-bihy voafariparitra.

Dypsis basilonga, Andrambovato. (Sary: N. Hockley)

Dypsis ambositrae

Ahafantarana azy:

- Tokam-paniry na mitangorina tsiroaroa hatramin'ny tsitelotelo anaty lembalemba, mirefy 7m.
- Taho miloko maitso ary misy tsipika mandry manify raha vao mbola tanora.

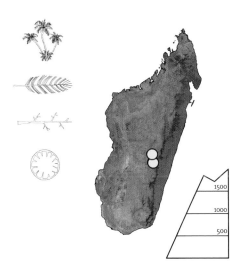

Fampiasana azy
Tsy mbola fantatra.

Sata-piarovana
Ambony taha-pahandringanana.

Toerana ahitana azy
Anaty sisan'ala manamorona rano, an-tehezan-tendrombohitra mitsatoka na somary misolampy; 1300–1500 m ambonin'ny ranomasina.

Satrapotsy mitangorina tsiroaroa hatramin'ny tsitelotelo, indraindray tokam-paniry, mirefy 3-7m ny vatan-kazo; miloko maitso ary misy tsipika mandry manify raha vao mbola tanora, miloko volon-davenona manompy maitso, savohina ny fonom-batan-kazo ambony. **Ravina** miisa 7–11, miolaka fipetraka ary tsara endrika, miloko maitso tanora ny foto-dravina ary misy faritra voloina miendrika kifafa, mirefy 64–103 sm; mirefy 9–30 sm ny taho-dravina; mirefy 2.1–28 m ny taho lehibe mitondra ny zana-dravina; miisa 74–84 ny zana-dravina isaky ny an-danin'ny taho, mivondrona tsiroaroa hatramin'ny tsidimidimy, anaty maritoerana iray, mirefy 144 × 3sm. **Vondrom-bony** anatin'ny ravina, 2(–3) sampana, mirefy 14–32 sm ny taho madinika. **Voankazo** mirefy 14 × 10.5 mm eo ho eo, voafariparitra ny atim-bihy.

Karazana mitovitovy aminy:

D. decipiens – miavaka izy noho ny vatany kely kokoa tsy miendrika tavoahangy sy ny atim-bihy voafariparitra ananany.

Dypsis ambositrae, Ambositra

Dypsis baronii

Farihazo, tongalo

Ahafantarana azy:

- Satrapotsy mitangorona tsitelotelo hatramin'ny tsidimidimy, mirefy 8 m.
- Miloko maitso tanora na mavo tanora ny fonombatan-kazo ambony, savohina.
- Ala ambony havoana na tendrombohitra.

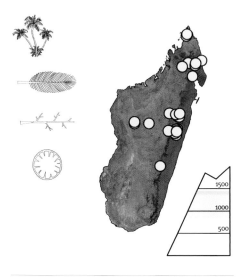

Fampiasana azy
Matsiro ny ôvany, mamy sady fihinana ny voa.

Sata-piarovana
Tsy atahorana ho lany tamingana.

Toerana ahitana azy
Ala mando ambony tendrombohitra, ala feno volotsangana; matetika an-tehezan-tendrombohitra mitsatoka; indraindray ihany no ahitana azy eny ambony tendrombohitra; 850–1470 m ambonin'ny ranomasina.

Miovaova, mitangorona tsitelotelo hatramin'ny tsidimidimy, mahalana vao tokam-paniry, mirefy 8 m ny vata-kazo. Miloko maitso tanora na mavo tanora ary savohina ny fonom-batan-kazo ambony. **Ravina** miisa 4–8, miolakolana fipetraka na 3 laharana, mihodina; mirefy 28–60 sm ny foto-dravina mitapelaka; mirefy 0–37 sm ny taho-dravina; mirefy 0.5–1.2 m ny taho lehibe mitondra ny zana-dravina; miisa 35–60 ny zana-dravina isaky ny andanin'ny taho, anaty maritoerana iray, mrefy 50 × 2.7 sm. **Vondrom-bony** anatiny na ambanin'ny ravina, 2 sampana, mirefy 24 sm ny taho madinika. **Voankazo** miloko mavo, lavalava boribory na somary boribory, mirefy 10–20 × 8–16 mm. **Vihy** mirefy 9.5–12 × 7.5–11 mm, voafariparitra tsy dia lalina loatra ny atim-bihy.

Dypsis baronii, Marojejy

Dypsis onilahensis, Isalo

Karazana mitovitovy aminy:

D. onilahensis – hita eny am-povoan-tany anaty sisan'ala maina kokoa noho ny an'ny *D. baronii*; mitovitovy ary samy miovaova bika, saingy ranoray ny atim-bihiny. **D. acuminum** – fantatra fa avy any Manongarivo sy Marojejy; mety mitovy amin'ny *D. onilahensis* saingy manana vondrom-bony tokan-tsampana na indraindray in-2 fotsiny, sy atim-bihy ranoray. **D. albofarinosa** – mbola tsy hita tanaty ala hatramin'izao fa efa voafaritra kosa ny momba azy avy amin'ny fambolena azy, mitovitovy amin'ny

D. onilahensis, miavaka izy noho ny ny taho-dravina lava, ny hamaroan'ny vovoka fotsy eny amin'ny vata-kazo sy ny foto-dravina mitapelaka, ny vondrom-bony hita ambanin'ny ravina ary ny atim-bihy ranoray. **D. heteromorpha** – fantatra fa hita any amin'ny toerana avo (Tsaratanana, Anjanaharibe sy ny manodidina); mety tsy afaka ampitahaina amin'ny *D. baronii*, kanefa kosa manana atim-bihy voafariparitra lalina.

Dypsis andrianatonga

Ahafantarana azy:

- Satrapotsy madinika mitangorona tsivalovalo hatramin'ny tsi-14, hita ambony tendrombohitra avo any avaratra.
- Misampana ary somary miolaka manakaikin'ny tany ny taho.

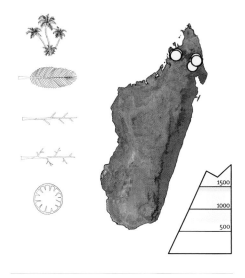

Fampiasana azy
Ravina atanika ho fisotro hanome hery, manan-danja tokoa.

Sata-piarovana
Vitsy.

Toerana ahitana azy
Ala an-tendrombohitra mando sy tsy dia mikitroka firy, na anaty kirihitra, indraindray tazana ambony vato anatin'ny ala matevina; 700–1800 m ambonin'ny ranomasina.

Satrapotsy madinika mitangorona tsivalovalo hatramin'ny tsi-14, mirefy 9 m; miolakolana ny taho. **Ravina** miisa 5 eo ho eo, miolakolana fipetraka, 3 laharana eo ho eo, mihodina; mirefy 20–39 sm ny foto-dravina mitapelaka, mihidy; mirefy 6–32 sm ny taho-dravina; mirefy 42–128 sm ny taho lehibe mitondra ny zana-dravina; miisa 12–35 ny zana-dravina isaky ny andanin'ny taho, mitovy elanelana, mirefy 43 × 3.2 sm. **Vondrom-bony** anatin'ny ravina, 1-2 sampana, mirefy 3–10 sm taho madinika. **Voankazo** lavalava boribory, mirefy, 9–20 × 7–15 mm. **Vihy** lavalava boribory, mirefy 15–18 × 11–14 mm, ranoray ny atim-bihy.

Karazana mitovitovy aminy:

D. serpentina – saingy io karazana io dia manana vondrom-bony ambanin'ny ravina.

Dypsis andrianatonga, Manongarivo

Dypsis serpentina, Mananara Avaratra

Dypsis lutescens

Lafahazo, lafaza, rehazo

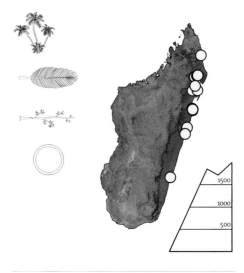

Ahafantarana azy:

- Satrapotsy tsara endrika, mitangorona tsiefatrefatra hatramin'ny tsi-20, hita anaty al'amorontsiraka any antsinanana.
- Miloko mavo ny foto-dravina mitapelaka, misy volo savohina miloko fotsy miendrika kifafa.
- Vondrom-bony anatin'ny ravina, 3 sampana.
- Ranoray ny atim-bihy.

Fampiasana azy
Anisan'ireo hazo hanaingoana eo amin'ny sehatry ny varotra.

Sata-piarovana
Tsy atahorana ho lany tamingana.

Toerana ahitana azy
Ala manamorona ny ranomasina na kirihitr'ala ambony fasika fotsy, hita ihany koa eny ambony vato; mijanona maniry eny amin'ny ala efa simba ary mety ho hita eny rehetra eny; 5–35 m ambonin'ny ranomasina.

Satrapotsy tsiefatrefatra hatramin'ny tsi-20; mirefy 7 m. **Ravina** miisa 5–11, miolakolana fipetraka na mazàna 3 laharana, mihodina fipetrala; miloko mavo ny foto-dravina mitapelaka, misy volo savohina miloko fotsy miendrika kifafa, mirefy (28–)39–60 sm, miloko vonim-boasary ny atiny malama; mirefy 19–37 sm ny taho-dravina; mirefy 1.1–1.9 m ny taho lehibe mitondra ny zana-dravina; miisa 44–59 ny zana-dravina isaky ny andanin'ny taho, mitovy elanelana, anaty maritoerana iray, mirefy 70 × 3 sm. **Vondrom-bony** anatin'ny ravina, 3 sampana (2 na 4 indraindray), mirefy 6–30 sm ny taho madinika mitondra ny vondrom-bony. **Voankazo** miloko mavo, lavalava boribory na somary miendrika atody saingy fisaka ny ambony, mirefy 12–18 × 7–10 mm. **Vihy** miendrika atody, mirefy 11–16 × 6–9.5 mm, ranoray ny atim-bihy.

Dypsis lutescens, Ambila-Lemaitso

Dypsis psammophila, Sainte Marie

Karazana mitovitovy aminy:

D. arenarum – hita any amin'ny faritra antsinanana amin'ny toerana vitsy, mampiavaka azy ny taho-dravina lava kokoa, ny zana-dravina kely kokoa sy vitsy kokoa, ny felam-bony lava kokoa ary ny tahom-bondrom-bony somary matevina. Tsy mihoatra ny 2 sampana mihintsy ny vondrom-bony.

D. psammophila – hita any amin'ny faritra antsinanana amin'ny toerana vitsy, mampiavaka azy ny habeny kely kokoa, ny tsy fahitana kira mihitsy amin'ny fanambanin'ny takela-dravina ary ny fisampanan'ny vondrom-bony ho 2 ihany. **D. baronii** sy **D. onilahensis**.

Dypsis pumila

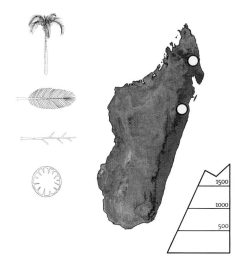

- Satrapotsy fonentana ary hita eny amin'ny toerana avo.
- Vondrom-bony ambanin'ny ravina, tokan-tsampana.
- Atim-bihy voafariparitra.

Fampiasana azy
Tsy mbola fantatra.

Sata-piarovana
Marefo. Marojejy ihany no toerana nahitana azy.

Toerana ahitana azy
Anaty kirihatra na ambony tendrombohitra, hita ihany koa anatin'ny honahona ambony toerana; 1500–2100 m ambonin'ny ranomasina.

Satrapotsy tokam-paniry, mirefy 1 m. **Ravina** miisa 3–4; mirefy 11–19 sm ny foto-dravina mitapelaka; tsy misy taho-dravina na misy fa mirefy 4 sm na mihoatra; mirefy 26–47 sm ny taho lehibe mitondra ny zana-dravina, miisa 19–21 ny zana-dravina isaky ny andanin'ny taho, mitovy elanelana, mirefy 20 × 2.1 sm. **Vondrom-bony** ambanin'ny ravina, tokan-tsampana, mirefy 6–10 sm ny taho madinika. **Voankazo** somary boribory na lavalava boribory, mirefy 17–26 × 12–20 mm. **Vihy** somary lavalava boribory, mirefy 16–17 × 13–14 mm, voafariparitra ny atim-bihy.

Karazana mitovitovy aminy:

Miavaka amin'ny **D. heteromorpha** noho izy tokam-paniry, fohy kokoa, manana ravina kelikely kokoa ary vondrom-bony tokan-tsampana foana. Miavaka amin'ny **D. acuminum** noho izy manana atim-bihy voafariparitra.

Dypsis oreophila

Fitsiriky, kindro, lafaza

Ahafantarana azy:

- Satrapotsy mitangorona hita any avaratra atsinanana, tsy miray zotra ny zanan-dravina.
- Vondrom-bony ambanin'ny ravina, 1–2 sampana.
- Voafariparitra ny atim-bihy.

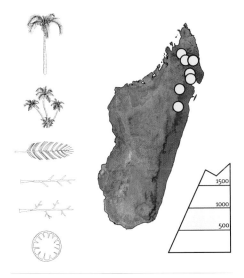

Fampiasana azy
Fihinana ny ôvany, fanamboarana fitsirika ny tahony.

Sata-piarovana
Marefo.

Toerana ahitana azy
Ala mando ambony tendrombohitra, an-tehezan-tendrombohitra mitsatoka; 500–1700 m ambonin'ny ranomasina.

Satrapotsy mitangorina, indraindray tokam-paniry, mirefy 8 m. **Ravina** miisa 6–8, miloko mavokely ny ravina tanora; miloko volon-tany tanora ny foto-dravina mitapelaka, mirefy 18–55 sm; mirefy 2–50 sm ny taho-dravina; mirefy 0.5–1.5 m ny taho lehibe mitondra ny zana-dravina; miisa 25–45 ny zana-dravina isaky ny andanin'ny taho, mivondrona 2–5, tsy miray zotra, mirefy 46 × 2.7 sm. **Vondrom-bony** ambanin'ny ravina, 1–2 sampana, mirefy 3.5–14.5 sm ny taho madinika. **Voankazo** somary boribory na miendrika atody saingy fisaka ny ambony, mirefy 5–11 × 3–8 mm. **Vihy** lavalava boribory, mirefy 6–7.5 × 3.5–7 mm, voafariparitra ny atim-bihy.

Karazana mitovitovy aminy:

Miavaka amin'ny *D. tsaratananensis*, izay hita any ambony tendrombohitr'l Tsaratanana irery ihany, izy noho ny fananany zana-dravina kely kokoa sy vitsy ary atim-bihy voafariparitra; ary tsy dia maro ny toerana misy azy. Miavaka amin'ny *D. ambanjae* (anaty faritra ambonin'ny reniranon'i Sambirano no nahafantarana azy) izy noho ny fananany atim-bihy voafariparitra.

Dypsis oreophila, Marojejy

Dypsis coursii

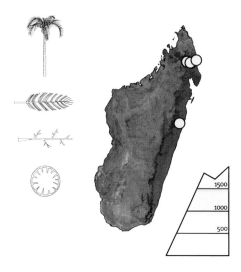

Ahafantarana azy:

- Satrapotsy tokam-paniry mirefy 8m, hita anaty ala an-tendrombohitra.
- Voarakotra volo miloko mena sy matevina ary savohina ny foto-dravina mitapelaka.
- Mifanelanelana ny vondron-jana-dravina.
- Lehibe ny voankazo.

Fampiasana azy
Tsy mbola fantatra.

Sata-piarovana
Marefo.

Toerana ahitana azy
Ala mando an-tendrombohitra na ala maina matevin-dravina an-tampon-tendrombohitra; ambony vato (gneiss na quartzite), (400–)900–1850 m ambonin'ny ranomasina.

Satrapotsy tokam-paniry, mirefy 8 m. **Ravina** miisa 4 eo ho eo; mirefy 18–36 sm ny foto-dravina mitapelaka, voarakotra volo miloko mena sy matevina ary savohina; mirefy 4–27 sm ny taho-dravina; mirefy 0.4–1 m ny taho lehibe mitondra ny zana-dravina; miisa 35–39 ny zana-dravina isaky ny andanin'ny taho, mivondrona, mirefy 34 × 3.5 sm. **Vondrom-bony** ambanin'ny ravina, (1–)2 sampana, mirefy 1–27 sm ny taho madinika. **Voankazo** lavalava boribory na miendrika atody saingy fisaka ny faritra ambony, mirefy 20–35 × 15–25 mm. **Vihy** miendrika atody saingy fisaka ny faritra ambony, mirefy 25 × 13–17 mm eo ho eo, voafariparitra ny atim-bihy.

Karazana mitovitovy aminy:

Karazana tsy dia fantatra loatra, tsy misy loatra noho izany ny karazana hafa mitovitovy aminy.

Dypsis rivularis

Sarimadiovozona

Ahafantarana azy:

- Satrapotsy tokam-paniry manana tapon-kazo miparitaka sy faka mipoitra ety ivelany.
- Misokatra ny $^3/_4$ ny halavan'ny foto-dravina mitapelaka miloko mavo.
- Tsy mitovy elanelana ny vondron-jana-dravina.

Fampiasana azy
Tsy mbola fantatra.

Sata-piarovana
Marefo.

Toerana ahitana azy
Anaty ala mando manamorona renirano; 130–300 m ambonin'ny ranomasina.

Satrapotsy tokam-paniry manana tapon-kazo miparitaka sy faka mipoitra ety ivelany, mirefy 5.5 m ny. **Ravina** miisa 7–14, mihodina fipetraka; mirefy 26–43 sm ny foto-dravina mitapelaka ary misokatra ny $^3/_4$-n'ny halavany, miloko mavo; tsy misy taho-dravina na misy fa mirefy 2 sm na mihoatra; mirefy 1.4 m eo ho eo ny taho lehibe mitondra ny zana-dravina; miisa 32 eo ho eo ny zana-dravina isaky ny andanin'ny taho, mivondrona tsiroaroa hatramin'ny tsidimidimy, mirefy 68 × 6 sm. **Vondrom-bony** anatin'ny ravina rehefa vakivony, ambanin'ny ravina kosa rehefa vaki-voa, 3

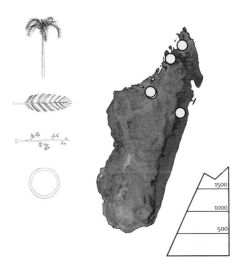

sampana, mirefy 3–19 sm ny taho madinika. **Voankazo** lavalava boribory, mirefy 12–14 × 5–7 mm. **Vihy** mirefy 10–11 × 4.5–5 mm, ranoray ny atim-bihy.

Karazana mitovitovy aminy:

Mety hifangaro amin'ny karazana hafa.

Dypsis rivularis, Manongarivo

Dypsis marojejyi

Menamosona beratiraty

Ahafantarana azy:

- Satrapotsy mitolefika faniry, tokam-paniry, manangona ravina efa maina sy lo, mirefy 6 m, manana faka mipoitra ety ivelany.
- Voarakotra ravina efa maina sy sisa-poto-dravina mitapelaka tafajanona ny vatan-kazo ambony.
- Voarakotra volo matevina miloko volon-tany manompy mena arafesenina ny foto-dravina mitapelaka.

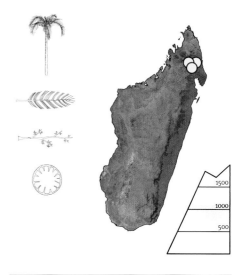

Fampiasana azy
Tsy mbola fantatra.

Sata-piarovana
Marefo. Marojey ihany no toerana nahafantarana azy.

Toerana ahitana azy
Ala mando ambony havoana; 700–1100 m ambonin'ny ranomasina.

Satrapotsy tokam-paniry, manangona ravina efa maina sy lo, mirefy 6m, manana faka mipoitra ety ivelany, voarakotra ravina efa maina sy sisa-poto-dravina mitapelaka tafajanona ny vatan-kazo ambony. **Ravina** miisa 18–20; mirefy 20 sm ny foto-dravina mitapelaka, misokatra sy voarakotra volo matevina miloko volon-tany manompy mena arafesina; tsy misy taho-dravina na misy fa mirefy 10 sm na mihoatra; mirefy 3–4 m ny taho lehibe mitondra ny zana-dravina; miisa 60 eo ho eo ny zana-dravina isaky ny andanin'ny taho, 3–6 vondrona, tsy miray zotra, mirefy 70 × 5 sm. **Vondrom-bony** anatin'ny ravina, 3 sampana, mirefy 9–32 sm ny taho madinika. **Voankazo** miloko mavo tanora manompy maitso, lavalava boribory na somary miendrika atody saingy somary fisaka ny ambony, mirefy 22–25 × 14–18 mm. **Vihy** somary miendrika atody saingy somary fisaka ny ambony, mirefy 18–20 × 13–16 mm, voafariparitra ny atim-bihy.

Dypsis marojejyi, Marojejy

Dypsis marojejyi, Marojejy

Karazana mitovitovy aminy:

D. perrieri miavaka amin'io karazana io noho izy
manana zana-dravina mivondrona sy vondrom-bony
misandrahaka bebe kokoa. ***D. coursii*** miavaka amin'io
karazana io noho izy manana vatan-kazo vaventy
kokoa, ravina sady lehibe no lava kokoa ary zana-
dravina hety kokoa.

Dypsis scottiana

Raosy

Ahafantarana azy:

- Satrapotsy mitangorina tsitelotelo hatramin'ny tsi-16.

- Miloko volon-tany ary voarakotra kira matevina miloko mena ny foto-dravina mitapelaka.

- Marotsaka sy tsara endrika ny vondrom-bony, fohy ny taho madinikin'ny vondrom-bony.

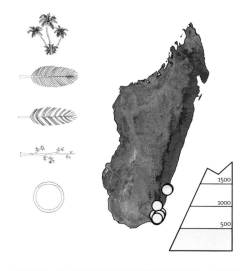

Fampiasana azy
Hanamboarana arato fanjonoana.

Sata-piarovana
Marefo.

Toerana ahitana azy
Ala na kirihitra mazavazava ambony fasika fotsy, ala mando; 10–515 m ambonin'ny ranomasina.

Satrapotsy mitangorina tsitelotelo hatramin'ny tsi-16, mirefy 4 m. **Ravina** miisa 4–7, miolaka fipetraka; mirefy 8-31 sm ny foto-dravina mitapelaka, mikatona ny ravina any ivelany indrindra, miloko volo-tany mazava ary voarakotra kira matevina miloko mena; mirefy 4–30 sm ny taho-dravina; mirefy 15–66 sm ny taho lehibe mitondra ny zana-dravina; miisa 11–27 ny zana-dravina isaky ny andanin'ny taho, mivondrona tsiroaroa hatramin'ny tsivalovalo, mazàna mitovy elanelana, mirefy 24 × 2 sm. **Vondrom-bony** anatiny na ambanin'ny ravina, (2) 3 (4) sampana, mirefy 0.7–6.5 sm ny taho madinika. **Voankazo** miloko mena, lavalava boribory, mirefy 6–11 × 3.6–6.5 mm. **Vihy** lavalava boribory mirefy 6.5–9 × 3–5 mm; ranoray ny atim-bihy.

Dypsis scottiana, Tolagnaro

Dypsis mcdonaldiana, Andohahela

Dypsis singularis, Manombo

Dypsis mcdonaldiana, Andohahela

Karazana mitovitovy aminy:

D. commersoniana – faritra atsimo antsinanana ihany no toerana nahitana azy; mitovy amin'ny *D. scottiana* saingy manana taho madinika fohy kokoa. **D. henrici** – tahiry iray avy tany anaty alan'i Tolagnaro no hany nahafantarana azy, mety mitovy amin'izay ihany koa ny *D. commersoniana*.
D. intermedia – Manombo, Farafangana ihany no toerana nahitana azy, avy any anaty ala mandon'ny faritra iva manana haavo mirefy 30–60 m ambonin'ny ranomasina; mitovy tsara amin'ny *D. scottiana* saingy manana zana-dravina vitsy sy mivelatra kokoa.

D. mcdonaldiana – hita anaty ala mandon'Andohahela; miavaka amin'ny *D. Scottiana* izay iray toerana aminy, noho izy vaventy kokoa, noho ny fananany zana-dravina miendrika "s" ary ny vondrom-bony vaventy hoentin'ny taho madinika lava kokoa. **D. singularis** – Manombo, Farafangana ihany no toerana nahitana azy, hita anatin'ny ala amin'ny faritra iva manana haavo mirefy 45 m eo ho eo ambonin'ny ranomasina; mitovy amin'ny *D. commersoniana* saingy manana endrika hafa ireo lahim-bony.

Dypsis jumelleana

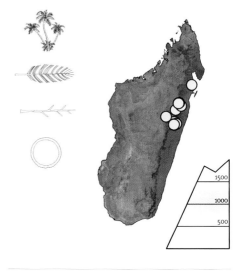

Ahafantarana azy:

- Satrapotsy mitangorina tsiefatrefatra hatramin'ny tsieninenina.
- Miloko maitso tanora ny foto-dravina mitapelaka.
- Vondrom-bony anatin'ny ravina, tokan-tsampana.

Fampiasana azy
Tsy mbola fantatra.

Sata-piarovana
Marefo.

Toerana ahitana azy
Ambony vohitra anaty ala mando ary hita eny an-tehezan-tendrombohitra mitsatoka na somary mandrimandry; 800–1300 m ambonin'ny ranomasina.

Mitangorina tsiefatrefatra hatramin'ny tsieninenina, mirefy 4 m; miloko maitso ary misy kira miloko mena mivadika ho volon-tany. **Ravina** miisa 3–8, miolana fipetraka; mirefy 8–20 sm ny foto-dravina mitapelaka, miloko maitso tanora; mirefy 1.5–15 sm ny taho-dravina; mirefy 24–56 sm ny taho lehibe mitondra ny zana-dravina; miisa 10–18 ny zana-dravina isaky ny andanin'ny taho, 2–4 vondrona tsy mitovy elanelana, na avy hatrany dia tsy mitovy elanelana, anaty maritoerana iray, mirefy 27 × 2.2 sm.
Vondrom-bony anatin'ny ravina, tokan-tsampana, mirefy 13–30 sm ny taho madinika. **Voankazo** miloko mena, somary boribory, mirefy 9–12 mm ny savaivony.
Vihy 6.5–9 × 6–8 mm, ranoray ny atim-bihy.

Karazana mitovitovy aminy:

Angamba mety mitovy amin'ny **D. procumbens** saingy tsy ahitana kira matevina ohatr'io karazana io.

Dypsis jumelleana, Andasibe

Dypsis procumbens

Ambolo, ovana, sinkara, sirahazo, tsirikabidy

Ahafantarana azy:

- Satrapotsy mitangorina tsiefatrefatra hatramin'ny tsi-40.
- Miloko maitso tanora ny foto-dravina mitapelaka, misy kira matevina miloko mena manompy volo-tany.
- Vondrom-bony anatiny na ambanin'ny ravina, 1(–2) sampana.

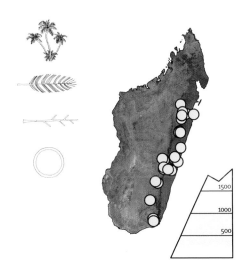

Fampiasana azy
Tsy mbola fantatra.

Sata-piarovana
Tsy atahorana ho lany tamingana.

Toerana ahitana azy
An-tehezan-tendrombohitra mitsatoka feno bararata (na volo), anaty ala tsiloina efa simba hita ambony fasika fotsy, an-tampon-tendrombohitra na manaraka ny an-tehezana afovoan'ny tendrombohitra; 250–1450 m ambonin'ny ranomasina.

Satrapotsy mitangorina tsiefatrefatra hatramin'ny tsi-40, na tokam-paniry endrika, mirefy 7 m, miloko maitso tanora ary misy kira matevina miloko mena manompy volo-tany, mihamalama ary miova loko ho volon-davenona rehefa miha-antitra; **Ravina** miisa 4–8, indraindray ahitana ravina efa maina; mirefy 13–35 sm ny foto-dravina mitapelaka, miloko maitso tanora, manana kira matevina miloko mena manompy volo-tany; tsy misy taho-dravina na misy fa mirefy 16 sm na mihoatra; mirefy 22–70 sm taho lehibe mitondra ny zana-dravina; miisa 11–23 ny zana-dravina isaky ny andanin'ny taho, 2–5 vondrona, tsy miray zotra, mirefy 26 × 3 sm. **Vondrom-bony** anatiny na ambanin'ny ravina, 1 (–2) sampana, mirefy 5–24 sm ny taho madinika. **Voankazo** miloko mavo mivadika mena, mriefy 6–9 × 4–6 mm. **Vihy mirefy** 5–6.5 × 3–3.3 mm, ranonray ny atim-bihy.

Karazana mitovitovy aminy:

D. caudata – fantatra avy amin'ny tahiry vitsivitsy avy any Masoala, maha samihafa azy ny zana-dravina mivelatra miafara amin'ny tendrony afaka manangona ranon'ando, sy ny tsy fisian'ny vondrom-bony miloko mavo feno kira.

Dypsis procumbens, Andasibe

Dypsis bonsai

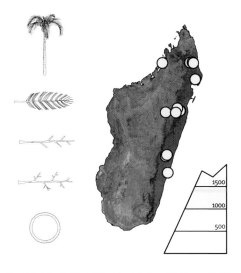

Ahafantarana azy:

- Satrapotsy tokam-paniry, fonentana, mirefy 2 m.
- Taho sy foto-dravina mitapelaka voloina sy miloko mena.

Fampiasana azy
Tsy mbola fantatra.

Sata-piarovana
Marefo.

Toerana ahitana azy
Ala ambany toerana na vondron-javamaniry maimaina an-tendrombohitra; 1000-1700 m ambonin'ny ranomasina.

Satrapotsy tokam-paniry, taho voloina mena. **Ravina** miisa 4, voazarazara; mirefy 6.5–9 sm ny foto-dravina mitapelaka, voloina mena matevina; mirefy 1–4 sm ny taho-dravina; mirefy 10–18 sm ny taho lehibe mitondra ny zana-dravina; miisa 10–14 ny zana-dravina isaky ny andaninin'ny taho, 2–5 vondrona, mirefy 11 × 2.2 sm. **Vondrom-bony** anatin'ny ravina, 1–2 sampana, mirefy 4–12 sm ny taho madinika. **Voankazo** tanora no nahafantarana azy, miloko mavo volamena, mirefy 8.5 × 4 mm eo ho eo. **Vihy** mirefy 8 × 3.5 mm, ranoray ny atim-bihy.

Karazana mitovitovy aminy:

Miavaka amin'ny **D. procumbens** noho izy manana zana-dravina kely kokoa sy hita mazava.

Dypsis scandens

Olokoloka

Ahafantarana azy:

- Vahy mitangorona sady mandady.
- Tsy misy taho-dravina.
- Vondrom-bony anatin'ny ravina, 2 sampana.

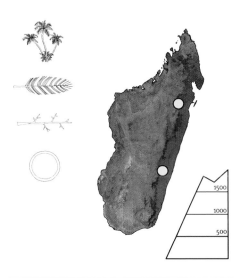

Fampiasana azy
Anamboarana vovo-trondro ny vatan-kazo, hisamborana vorona na anamboarana satroka.

Sata-piarovana
Tandindonin-doza raha tsy izay dia ambony taha-pahandringanana.

Toerana ahitana azy
Ala iva manana tapon-kazo somary madinika ary hita ambony tany tsy dia mamokatra loatra (quartzite) an-tampon-tendrombohitra; 500 m ambonin'ny ranomasina.

Satrapotsy mivondrona sady mandady, mirefy 10 m; miloko maitso ny vatan-kazo, misy kira miparitaka miloko volo-tany antitra. **Ravina** miisa 15 eo ho eo miaraka amin'ireo ravina efa maina; mirefy 15–30 sm ny foto-dravina mitapelaka, miloko maitso tanora, malama, savohina fotsy, tsy misy taho-dravina; mirefy 1.1–1.45 m ny taho lehibe mitondra ny zana-dravina; miisa 15–18 eo ho eo ny zana-dravina isaky ny andanin'ny taho, mivondrona, mirefy 30 × 3.5 sm. **Vondrom-bony** anatin'ny ravina, 2 sampana, mirefy 8–12 sm ny taho madinika. **Voankazo** lavalava boribory, mirefy 8 × 4.5 mm. **Vihy** manana atim-bihy ranoray.

Karazana mitovitovy aminy:

Miavaka amin'ireo hafa noho izy mandady.

Dypsis scandens, Andilamena. (Sary: M. Rakotoarinivo)

Dypsis fanjana

Fanjana

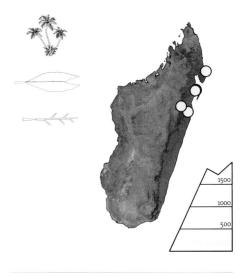

Fampiasana azy
Tsy mbola fantatra.

Sata-piarovana
Tandindonin-doza.

Toerana ahitana azy
Ala mando anaty faritra iva, an-tehezan-tendrombohitra mitsatoka; 115–250 m ambonin'ny ranomasina.

Satrapotsy mitangorina tsitelotelo hatramin'ny tsiefatrefatra, tokam-paniry indraindray, mirefy 5 m. **Ravina** miisa 6–11, miolaka fipetraka, ravina voazarazara na misy zana-dravina indraindray, mihodina fipetraka; mirefy 12–15 sm ny foto-dravina mitapelaka, miloko maitso; tsy misy taho-dravina na misy fa mirefy 8 sm na mihoatra; mirefy 57–62 sm ny takela-dravina mitapelaka; mirefy 20–21 sm ny kiran-dravina afovoany; na mizarazara ka mirefy 18–24 sm ny taho lehibe mitondra ny zana-dravina; miisa 2(–3) ny zana-dravina isaky ny andanin'ny taho, mirefy 56 × 5.3 sm. **Vondrom-bony** anatin'ny ravina, tokan-tsampana, mirefy 16–25 sm ny taho madinika. **Voankazo** tsy dia fantatra loatra ny momba azy.

Dypsis fanjana, Mananara Avaratra

Dypsis boiviniana

Talanoka, tsingovatra

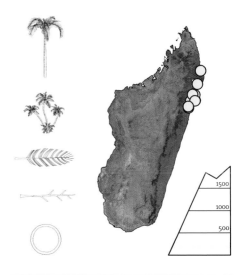

Ahafantarana azy:

- Satrapotsy tokam-paniry na mitangorina tsitelotelo hatramin'ny tsiefatrefatra.
- Zana-dravina miisa 6–15 ka 2–6 vondrona.
- Vondrom-bony anatin'ny ravina, misampan-tokana.

Fampiasana azy
Tsy mbola fantatra.

Sata-piarovana
Tandindonin-doza.

Toerana ahitana azy
Anaty ala mando tsy mikitroka amin'ny faritra iva na ala ambony fasika fotsy, an-tehezan—tendrombohitra tsy dia mitsatoka loatra; 5–285 m ambonin'ny ranomasina.

Satrapotsy tokam-paniry na mitangorina tsitelotelo hatramin'ny tsiefatrefatra, mirefy 8 m; voarakotra volo matevina miloko mena manompy volon-tany raha mbola tanora ny vatan-kazo. **Ravina** miisa 4–8; mirefy 21–30 sm ny foto-dravina, miloko mavo tanora na maitso tanora ka mielanelana volomparasy manompy mavokely ny tendrony; mirefy 5–24 sm ny taho-dravina; mirefy 29–75 sm ny taho lehibe mitondra ny zana-dravina; miisa 6–15 ny zana-dravina isaky ny andanin'ny taho, 2-6 vondrona, mirefy 54 × 5 sm. **Vondrom-bony** anatin'ny ravina, tokan-tsampana, mirefy 25–70 sm ny taho madinika. **Voankazo** mirefy 10 × 4 mm eo ho eo. **Vihy** mirefy 5.3 × 2.3 mm eo ho eo raha mbola tanora, ranoray ny atim-bihy.

Dypsis boiviniana

Karazana mitovitovy aminy:

Mitovitovy amin'ny **D. sanctaemariae** saingy mivondrona ny zana-dravina, sy amin'ny **D. soanieranae** sy ireo fianankaviam-beny, saingy misampana ny vondrom-bony.

Dypsis boiviniana, Antanambe

Dypsis sanctaemariae

- Satrapotsy mitangorona hita ambanin'ny ala iva, mirefy 2.5 m.
- Tsy misy taho-dravina.
- Ravina mizara roa an-tendro na maromaro fizarana tsy mitovy elanelana.
- Mirefy mihotran'ny 30 sm ny taho madinika.

Fampiasana azy
Tsy mbola fantatra.

Sata-piarovana
Ambony taham-pahandringanana. Nosy Boraha irery ihany no toerana fantatra fa misy azy.

Toerana ahitana azy
Ala ambany fasika fotsy; 20 m ambonin'ny ranomasina.

Satrapotsy mitangorona hita ambanin'ny ala iva, mirefy 2.5 m. **Ravina** miisa 8 eo ho eo, miendrika "V", ary afaka manangona sisa-dravina efa maina sy lo, mizara roa an-tendro na misy zana-dravina miisa 2 isaky ny andaniny na misy zana-dravina mihoatran'ny 10 isa ka tsy mitovy elanelana; mirefy 17–20 sm ny foto-dravina mitapelaka, miloko mavo manompy maitso na mena mangatsaka; tsy misy taho-dravina; mirefy 80–88 sm ny taho lehibe mitondra ny zana-dravina. **Vondrombony** anatin'ny ravina, tokan-tsampana, mirefy 30–40 sm ny taho lehibe mitondra ny vondrom-bony. **Voankazo** tsy mbola fantatra ny momba azy.

D. boiviniana – mety ho fantatra amin'ny endriky ny ravina; azo avahana amin'ny Miavaka amin'ny **D. mangorensis** noho izy manana ravina lehibe kokoa, sy taho madinika lava kokoa ary noho izy tsy misy taho-dravina.

Dypsis santaemariae, Sainte Marie. (Sary: J. Searle)

Dypsis soanieranae

Ahafantarana azy:

- Satrapotsy tokam-paniry, mirefy 5 m.
- Ravina voazarazara.
- Vondrom-bony anatin'ny ravina, tsy misampana.

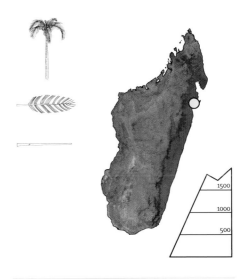

Fampiasana azy
Tsy mbola fantatra.

Sata-piarovana
Mety efa tsy misy intsony. Tsy hita intsony 60 taona
mahery izay tanatin'ny faritra misy ala voatevy matetika.

Toerana ahitana azy
Ala mando ambany toerana, 75 m ambonin'ny
ranomasina.

Satrapotsy tokam-paniry, mirefy 5 m. **Ravina**
voazarazara; mirefy 16–17.5 sm ny foto-dravina; mirefy
13–13.5 sm ny taho-dravina; mirefy 71–95 sm ny taho
lehibe mitondra ny zana-dravina; miisa 19–21 ny zana-
dravina isaky ny andanin'ny taho, 2–3 vondrona,
mirefy 37 × 2.2 sm. **Vondrom-bony** anatin'ny ravina,
tsy misampana, mirefy 72 sm eo ho eo ny taho
mitondra avy hatrany ny vony. **Voankazo** tsy fantatra
ny momba azy.

Karazana mitovitovy aminy:

D. curtisii – fantatra avy amin'ny tahiry roa, ny iray
tsy fantatra ny fiaviany fa ny iray kosa avy any
Tsaratanana, miavaka amin'ny **D. soanieranae**
noho io karazana io izay manana zana-dravina
miisa 9–12 isaky ny andanin'ny taho. **D. pervillei** –
fantatra avy tamin'ny santiona iray nalaina avy any
Betampona, mitovy amin'ny *D. soanieranae* saingy
somary kely kokoa.

Dypsis concinna

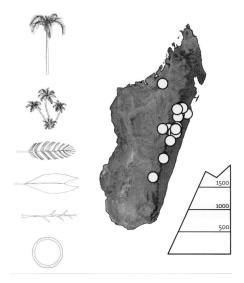

- Satrapotsy tokam-paniry na mitangorina, mirefy 2 m.
- Ravina voazarazara na tsia.
- Vondrom-bony anatin'ny ravina, tokan-tsampana.

Fampiasana azy
Tsy mbola fantatra.

Sata-piarovana
Marefo.

Toerana ahitana azy
Anaty ala ambony vohitra, matetika miaraka maniry amin'ny volotsangana; an-tampon-tendrombohitra na an- tehezany somary tsy dia mitsatoka loatra; 800–1120 m ambonin'ny ranomasina.

Satrapotsy tokam-paniry na mitangorina, mirefy 2m. **Ravina** miisa 5–12; mirefy 7–11 sm ny foto-dravina mitapelaka; tsy misy taho-dravina na misy fa mirefy 3 sm na mihoatra; mirefy 13–30 × 3–5.3 sm ny takela-dravina rehefa tsy voazarazara; mirefy 11–29 sm kosa ny taho lehibe mitondra ny zana-dravina raha voazarazara toy ny volom-borona, miisa 11–25 ny zana-dravina isaky ny andanin'ny taho, tsy mitovy elanelana, 2–7 vondrona, mirefy 10 × 1.7 sm. **Vondrom-bony** anatin'ny ravina, tokan-tsampana, mirefy 3–12 sm ny taho madinika. **Voankazo** miloko mena, lavalava boribory, mirefy 6–16 × 3.5–7 mm. **Vihy** mirefy 5.5–8.5 × 3–4.5 mm, ranoray ny atim-bihy.

D. heterophylla, saingy io karazana io dia manana tahom-bondrom-bony voloina. **D. elegans** avy any Manombo no nahalalana azy tanatin'ny ala iva toerana, efa tena atahorana ho lany tamingana; mitovy aminy io karazana io saingy manana vondrom-bony 2 sampana.

Dypsis concinna, Andasibe

Dypsis heterophylla

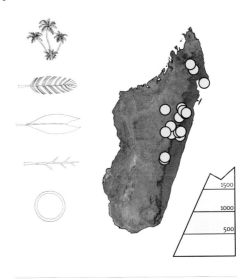

- Satrapotsy mitangorina, mirefy 2.5 m.
- Ravina voazarazara na tsia, matetika hita amin'ny taho iray.
- Vondrom-bony anatin'ny ravina, tokan-tsampana.

Fampiasana azy
Tsy mbola fantatra.

Sata-piarovana
Vitsy.

Toerana ahitana azy
Ala mandon'ny vohitra, an-teheza-endrombohitra mitsatoka na an-tampo-tendrombohitra; 550–1450 m ambonin'ny ranomasina.

Satrapotsy mitangorina, mazàna tokam-paniry endrika, mirefy 2.5m. **Ravina** miisa 5–9, voazarazara na tsia; mirefy 6–12 sm ny foto-dravina mitapelaka; tsy misy taho-dravina na misy fa mirefy 12 sm na mihoatra; mirefy 9–28 sm ny taho lehibe mitondra ny zana-dravina; mirefy 17–24 sm ny takela-dravina *raha* tsy voazarazara, mirefy 7.5–14 × 1.2–3.5 sm ny faritra feno, mikinifinify ny tendrony; *na* voazarazara ny ravina ka miisa 2–13 ny zana-dravina isaky ny andanin'ny taho, 2–5 vondrona na tsy mitovy elanelana, mirefy 15 × 3 sm. **Vondrom-bony** anatin'ny ravina, tokan-tsampana, mirefy 4–10 sm ny taho madinika. **Voankazo** miloko mena, lavalava boribory, mirefy 5–6.3 × 4-5 mm. **Vihy** mirefy c. 6 × 3.5–4 mm eo ho eo, ranoray ny atim-bihy.

Karazana mitovitovy aminy:

D. concinna, saingy malama ny tahon'ny vondrom-bonin'io karazana io.

Dypsis heterophylla, Marojejy

Dypsis schatzii

Amboza

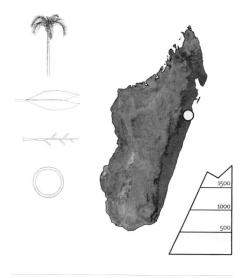

Ahafantarana azy:

- Satrapotsy tokam-paniry, mirefy 4 m.
- Ravina tsy voazarazara, miendrika atody ka fisaka ny ambony.
- Vondrom-bony anatin'ny ravina, tokan-tsampana.

Fampiasana azy
Fanamboarana fitsirika ny taho.

Sata-piarovana
Marefo.

Toerana ahitana azy
Ala mando ambany toerana, an-tampon-tendrombohitra, an-tehezan-tendrombohitra mitsatoka ary anaty lohasaha; 300–550 m ambonin'ny ranomasina.

Satrapotsy tokam-paniry, indraindray mitangorina, mirefy 4m; mazàna misy ambina foto-dravina ny taho. **Ravina** miisa 8–22, voazarazara roa na tsia; mirefy 5–21 sm ny foto-dravina mitapelaka; tsy misy taho-dravina na misy fa mirefy 12 sm na mihoatra; mirefy 17–49 × 6.8–18.2 sm ny takela-dravina miendrika atody mivadika sy tsy voazarazara; mirefy 14–44 sm ny taho lehibe mitondra ny zana-dravina raha voazarazara ny takela-dravina; miisa 2 ny zana-dravina isakin'ny andanin'ny taho. **Vondron-bony** anatin'ny ravina, tokan-tsampana, mirefy 6.5–13 sm ny taho madinika; miloko mavo ny voniny. **Voankazo** miloko mavokely manompy mena, miendrika atody sady hety, mirefy 13–14 × 4–6 mm. **Vihy** mirefy 8 × 2.5 mm eo ho eo, ranoray ny atim-bihy.

Karazana mitovitovy aminy:

Mety tsy misy hitovizany amin'ny karazana hafa.

Dypsis schatzii, Betampona

Dypsis corniculata

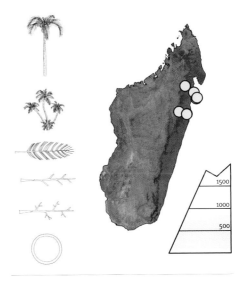

- Satrapotsy mitangorina tsidimidimy na tokam-paniry, saingy tsy dia hita mivangongo mazava loatra.

- Ravina voazarazara.

- Vondrom-bony anatin'ny ravina, 1–2 sampana.

Fampiasana azy
Tsy mbola fantatra.

Sata-piarovana
Marefo.

Toerana ahitana azy
Ala mando, an-teheza-tendrombohitra mitsatoka na somary mandry, an-tampon-tendrombohitra; 70–850 m ambonin'ny ranomasina.

Satrapotsy mitangorina tsidimidimy na tokam-paniry, saingy tsy dia hita mivangongo mazava loatra; mirefy 6 m ny vatan-kazo; miloko maitso tanora ny fonombatan-kazo ambony, misy kira miloko volo-tany matroka. **Ravina** miisa 6–10; mirefy 6–15 sm ny foto-dravina mitapelaka; tsy misy taho-dravina na misy fa mirefy 7.5 sm na mihoatra; mirefy 13–40 sm ny taho lehibe mitondra ny zana-dravina; miisa 9–18 ny zana-dravina isaky ny andanin'ny taho, 2–4 vondrona, mirefy 14 × 2.6 sm. **Vondrom-bony** anatin'ny ravina, 1 na 2 sampana 2, mirefy 6–14 sm ny taho madinika; miloko fotsy ny felany. **Voankazo** miloko mena, lavalava boribory, mirefy 10–12 × 4–5.5 mm. **Vihy** mirefy ± 7.5 × 4.5 mm eo ho eo, ranoray ny atim-bihy.

D. thiryana, saingy rovidrovitra ny tendron'ireo zana-dravina.

Dypsis corniculata, Mananara Avaratra

Dypsis thiryana

Ahafantarana azy:

- Satrapotsy mitangorina tsiroaroa hatramin'ny tsiefatrefatra.
- Ravina voazarazara, mikinifinify tsy mitovy ny tendron-jana-dravina.
- Vondrom-bony anatin'ny ravina, tokan-tsampana.

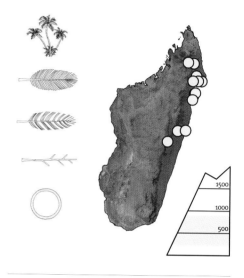

Fampiasana azy
Tsy mbola fantatra.

Sata-piarovana
Vitsy.

Toerana ahitana azy
Ala mando ambany toerana, an-tehezan-tendrombohitra mandrimandry na mitsotoka, an-tampon-tendrombohitra; 220–900 m ambonin'ny ranomasina.

Satrapotsy mitangorina tsiroaroa hatramin'ny tsiefatrefatra; mirefy 1 m ny vatan-kazo. **Ravina** miisa 8–10, somary mahitsy; mirefy 6–11 sm ny foto-dravina mitapelaka, 1–2 sm no misokatra; mirefy 1–18 sm ny taho-dravina; mirefy 14–30 sm ny taho lehibe mitondra ny zana-dravina; miisa 9–14 ny zana-dravina isaky ny andanin'ny taho, mitovy elanelana ny ankamaroany na 2–3 vondrona, mikinifinify tsy mitovy ny tendron-jana-dravina, mirefy 11 × 1.3(–2.5) sm. **Vondrom-bony** anatin'ny ravina, tokan-tsampana, mirefy 6–15 sm ny taho madinika **Voankazo** miloko mena antitra, lavalava boribory, mirefy 9–11 × 3–5 mm. **Vihy** mirefy 9 × 2–3 mm eo ho eo, ranoray ny atim-bihy.

Karazana mitovitovy aminy:

D. trapezoidea – avy any Vatovavy, akaikin'Ifanadiana ihany no nahafantarana azy, miavaka noho izy tokam-paniry, misy holatra ambony foto-dravina mitapelaka, manana taho-dravina lava kokoa, zana-dravina lehibe kokoa, taho madinika fohy kokoa ary voankazo lehibe kokoa noho ny an'ny **D. thiryana** rehefa misokatra.

Dypsis thiryana, Masoala

Dypsis hiarakae

Sinkiara, tsirika

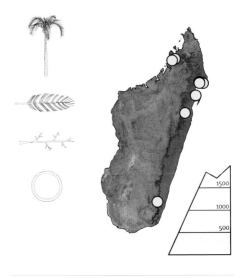

Ahafantarana azy:

- Satrapotsy tokam-paniry mirefy to 6 m.
- Ravina voazarazara.
- Vondrom-bony ambanin'ny ravina, 2 sampana.

Fampiasana azy
Fanamboarana fitsirika ny vatany.

Sata-piarovana
Vitsy, mety ho marefo.

Toerana ahitana azy
Toerana iva na vohitra misy ala mando; an-tampon-tendrombohitra na ambony solampy somary mandrimandry; 240–600 m ambonin'ny ranomsaina.

Satrapotsy tokam-paniry mirefy to 6 m, indraindray mipoitra ivelany ny fakany. **Ravina** miisa 7–9, miolaka fipetraka; mirefy 18–22 sm ny foto-dravina; mirefy 15–17 sm ny taho-dravina; mirefy 35–67 sm ny taho lehibe mitondra ny zana-dravina; miisa 12–21 ny zana-dravina isaky ny andanin'ny taho, 2–5 vondrona, somary tsy mitovy elanelana, mirefy 31 × 5 sm. **Vondrom-bony** ambanin'ny ravina, 2 (mahalana no 3) sampana, mirefy 17–27 sm ny taho madinika. **Voankazo** miloko mena, lavalava boribory, mirefy 9 × 5 mm eo ho eo. **Vihy** mirefy 6.5–7 × 3.5 mm, ranoray ny atim-bihy.

Karazana mitovitovy aminy:

D. confusa – hita anatin'ny ala iva toerana any Masoala, Mananara Avaratra sy Betampona, izay manana vondrom-bony anatin'ny ravina sy taho madinika mitondra ny vondrom-bony mirefy 2–15 sm.

Dypsis hiarakae, Ambalafary

Dypsis sahanofensis

Ahafantarana azy:

- Satrapotsy mitangorina hatramin'ny 12 isa no mihoatra, mirefy 6 m.
- Vondrom-bony anatin'ny ravina, 2 sampana.

Fampiasana azy
Tsy mbola fantatra.

Sata-piarovana
Tandindonin-doza.

Toerana ahitana azy
Ala mando; 315–1400 m ambonin'ny ranomasina.

Satrapotsy mitangorina hatramin'ny 12 isa no mihoatra, mirefy 6 m. **Ravina** manana foto-dravina mitapelaka mirefy 20–31 sm; mirefy 17–18 sm ny taho-dravina; mirefy 1 m eo ho eo ny taho lehibe mitondra ny zana-dravina; miisa 23–24 ny zana-dravina isaky ny andanin'ny taho, mivondrona ary miha tsy mitovy elanelana, mirefy 38 × 3 sm. **Vondrom-bony** anatin'ny ravina, 2 sampana, mirefy 19–33 sm ny taho madinika. **Voankazo** tsy mbola fantatra ny momba azy.

Dypsis sahanofensis, Vatovavy

Karazana mitovitovy aminy:

Mety hifangaro amin'ireo karazana hafa.

Dypsis lutea

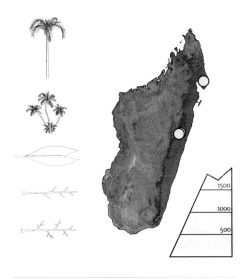

Ahafantarana azy:

- Satrapotsy tokam-paniry na mitangorina, mirefy 3 m.
- Ravina tokana miendrika telolafy ary manana tendro mizara roa mazava.
- Vondrom-bony anatin'ny ravina, miloko mavo na somary volom-boasary, 1–2.sampana.

Fampiasana azy

Tsy mbola fantatra.

Sata-piarovana

Ambony taha-paharinganana.

Toerana ahitana azy

Ala mando ambany toerana na ambony vohitra, an-tampon-tendrombohitra; 40–1100 m ambonin'ny ranomasina.

Satrapotsy tokam-paniry na mitangorina, mirefy 3 m. **Ravina** miisa 9 eo ho eo, tsy voazarazara ary manana tendro mizara roa mazava, mirefy 10–17 sm; tsy misy taho-dravina na misy fa mirefy 4.5 sm; mirefy 21–43 sm ny kiran-dravina afovoany/taho lehibe mitondra ny zana-dravina; mirefy 30–55 sm ny takela-dravina miendrika telolafy, mirefy 17 × 4 sm ny faritra roa voazarazara, mikinifinify ny sisiny ivelan'ny tendro. **Vondrom-bony** anatin'ny ravina, miloko mavo na somary volom-boasary, 1–2 sampana, mirefy 4–17 sm ny taho madinika. **Voankazo** (tanora) lavalava manana lafiny roa mira zotra.

Karazana mitovitovy aminy:

D. eriostachys – avy any Vatovavy ihany no nahalalana azy, kely kokoa ary voloina matevina toy ny volon'ondry ny sampam-bondrom-bony.

Dypsis betamponensis

Vonombodidronga

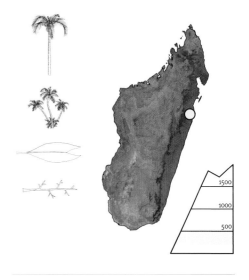

Ahafantarana azy:

- Satrapotsy mitangorina na indraindray tokam-paniry, mirefy 4 m.
- Ravina tsy voazarazara ary manana tendro mizara roa mazava.
- Vondrom-bony anatin'ny ravina, farafahakeliny 2 sampana.

Fampiasana azy
Tsy fantatra.

Sata-piarovana
Tandindonin-doza.

Toerana ahitana azy
Ala mando ambany toerana, an-tampon-tendrombohitra na anaty lohasaha; 200–550 m ambonin'ny ranomasina.

Satrapotsy mitangorina na indraindray tokam-paniry, mirefy 4.4 m. **Ravina** miisa 4–9, tsy voazarazara, manana tendro mizara roa mazava; tsy misy taho-dravina na misy fa mirefy 8 sm; mirefy 7–14 sm ny fonom-batan-kazo ambony; mirefy 15–37 sm ny taho lehibe mitondra ny zana-dravina; mirefy 40–67 sm ny takela-dravina, mikinifinify. **Vondrom-bony** anatin'ny ravina, 2 sampana fara-faha-keliny, mirefy 3–5.2 sm ny taho madinika. **Voankazo** miloko mena, miendrika atody, mirefy 10 mm.

Karazana mitovitovy aminy:

D. schatzii – maniry miaraka aminy, dia hafa ny endriky ny raviny ary vitsy sampana ny vondrom-boniny.

Dypsis betamponensis, Betampona

Dypsis andapae

Ahafantarana azy:

- Satrapotsy mitangorina tsiefatrefatra hatramin'y tsieninenina, mirefy 1.2 m.

- Ravina tsy voazarazara, voazara roa mazava ny tendrony. Mihoatran'ny 10 sm ny halavan'ny foto-dravina mitapelaka.

- Mihoatran'ny 18 × 3.3 sm ny halavan'ny fizaran'ny takela-dravina.

- Vondrom-bony anatin'ny ravina, misampan-tokana.

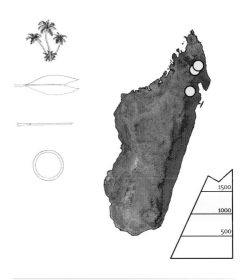

Fampiasana azy
Tsy mbola fantatra.

Sata-piarovana
Vitsy.

Toerana ahitana azy
Ala mando ambony vohitra, an-tehezan-tendrombohitra mitsatoka; 850–1400 m ambonin'ny ranomasina.

Satrapotsy mitangorina tsiefatrefatra hatramin'y tsieninenina, mirefy 1.2 m. **Ravina** miisa 6–10, miolaka fipetraka, tokana, mizara roa mazava ny tendrony; mirefy 10–16 sm ny foto-dravina mitapelaka, mikatona ny $^3/_4$-n'ny halavany; mirefy 7–18 sm ny taho-dravina; mirefy 29–48 sm ny takela-dravina, mirefy 18–28 × 3–7.5 sm ny fizarazaran'ny takela-dravina, mikinifinify ny tendro. **Vondrom-bony** anatin'ny ravina, tsy misampana, mirefy 13–22 sm ny taho madinika. **Voankazo** miloko volom-boasary, lavalava boribory, mirefy 11–13 × 7–7.5 mm. **Vihy** mirefy 9–11.5 × 4.5–5.5 mm, ranoray ny atim-bihy.

Karazana mitovitovy aminy:

Miavaka amin'ny **D. coriacea** sy **D.tenuissima** noho izy manana ny foto-dravina mitapelaka sy fizaran'ny takela-dravina lehibe kokoa.

Dypsis occidentalis

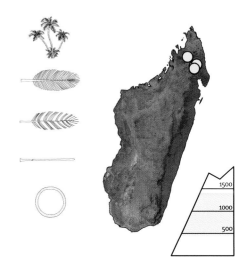

Fampiasana azy
Tsy mbola fantatra.

Sata-piarovana
Tsy tena mbola fantatra.

Toerana ahitana azy
Ala ambony tendrombohitra na vohitra 450–1400 m ambonin'ny ranomasina.

Satrapotsy mitangorina tsieninenina hatramin'ny tsivalovalo, mirefy 2 m. **Ravina** miisa 5–8, voazarazara; mirefy 8–14 sm ny foto-dravina mitapelaka; tsy misy taho-dravina na misy fa mirefy 5 sm; mirefy 29–40 sm ny taho lehibe mitondra ny zana-dravina; miisa 4–13 ny zana-dravina isaky ny andanin'ny taho, somary mitovy elanelana (zana-dravina vitsivitsy) na mitsitokotoko (zana-dravina maromaro), mirefy 30 × 5 sm. **Vondrom-bony** anatin'ny ravina, tsy misampana, mirefy 15–31 sm ny taho madinika. **Voankazo** miloko mena manompy volom-boasary, lavalava boribory, mirefy 9–10 × 4–5 mm.

Karazana mitovitovy aminy:

D. montana –Tsaratanana irery no toerana nahafantarana azy, miavaka izy noho ny fananany zana-dravina miisa 3–5 monja isaky ny andaniny.

Dypsis lastelliana (tsy mitovy amin'ny *D. occidentalis*)

Dypsis bernierana

Ambosa, sinkara

Ahafantarana azy:

- Satrapotsy tokam-paniry, fonentana ary mirefy 1 m.
- Ravina tsy voazarazara, tendro mizara roa mazava ary foto-dravina mitapelaka sy misokatra.
- Vondrom-bony tsy misampana.

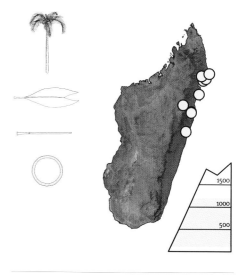

Fampiasana azy
Tsy mbola fantatra.

Sata-piarovana
Marefo.

Toerana ahitana azy
Ala mando ambany toerana na ambony vohitra, anteheza-tendrombohitra mitsatoka na mandry; 100–1200 m ambonin'ny ranomasina.

Satrapotsy tokam-paniry, fonentana ary mirefy 1 m saingy tsy tazana loatra mazàna io taho io. **Ravina** tsy voazarazara, manana tendro mizara 2 mazava; mirefy 3.5–7 sm ny fonom-batan-kazo ambony, misokatra; mirefy 2–21 sm ny taho-dravina; tsy voazarazara ny takela-dravina, mirefy 17–26 sm, miloko maitso antitra; mirefy 12–19 × 2–3.5 sm ny fizaran'ny takela-dravina iray; mikinifinify hety ny tendro. **Vondrom-bony** tsy misampana, mirefy 5–15 sm ny taho mitondra avy hatrany ny vony. **Voankazo** miloko mena, lavalava boribory, mirefy 6–13 × 4–5 mm. **Vihy** manana atim-bihy ranoray.

Dypsis bernierana, Masoala

Dypsis bernierana, Masoala

Dypsis poivreana, Tampolo

Dypsis digitata, Manombo

Dypsis tenuissima, Andohahela

Karazana mitovitovy aminy:

D. poivreana – satrapotsy zana-tany manodidina an'i Fenoarivo, miavaka noho izy tokam-paniry na mitangorina, manana taho avo misy zana-dravina lehibe kokoa, sy fizaran'ny takela-dravina hety kokoa ary tsy takona ohatrin'ny an'ny **D. bernieriana**.
D. minuta – satrapotsy avy ao Masoala ary efa vitsy an'isa, miavaka noho izy maro kira am-poto-dravina mitapelaka. **D. tenuissima** – avy any Andohahela ihany no nahalalana azy, iray amin'ireo satrapotsy kely indrindra era-tany izay manana taho marotsaka sy takela-dravina tena hety. **D. digitata** – ala ambany toerana manelanelana an'i Mananjary sy Tolagnaro ihany no ahitana azy, manana ravina henjana sy hety ary zana-dravina miisa 2–4 isaky ny andanin'ny taho.
D. brevicaulis – ala ambany toerana any atsimo ihany no ahitana azy, fohy dia fohy ny tahony ary matetika ambanin'ny tany, mizara roa ary hety tendro-dravina.

Dypsis catatiana

Sinkaramboalavo, varaotra

Ahafantarana azy:

- Tokam-paniry, fonentana ary mirefy 1 m.
- Voazarazara na tsia ny ravina
- Vondrom-bony anatin'ny ravina, tsy misampana.

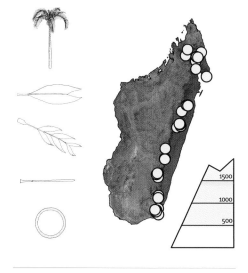

Fampiasana azy
Tsy mbola fantatra.

Sata-piarovana
Tsy atahorana ho lany tamingana.

Toerana ahitana azy
Ala mando na alam-bolotsangana ambany toerana na an-tendrombohitra, an-teheza-tendrombohitra mandry na mitsatoka; (150–)450–1900 m ambonin'ny ranomasina.

Tokam-paniry, fonentana ary mirefy 1 m, miloko maitso antitra ary mazàna misy tsipika mijadona miloko maitso tanora. **Ravina** miisa 4–10; mirefy 3–8 sm ny foto-dravina mitapelaka; tsy misy taho-dravina na misy fa mirefy 5 sm; tsy voazarazara ny takela-dravina na misy zana-dravina fisaka mandeha tsiroaroa miisa 2–7, miloko mena ny ravina tanora; *raha* tsy voazarazara ny ravina dia mizara roa fohy ny tendrony izay mirefy 14–32 sm, mirefy 5–12 × 2–5 sm ny takela-dravina, mikinifinify sy misy zoro ny tendrony, *raha* voazarazara indray kosa ny ravina dia mirefy 9–24 sm ny taho lehibe mitondra ny zana-dravina; mirefy 21 × 3.5 sm ny zana-dravina **Vondrom-bony** anatin'ny ravina, tsy misampana, mirefy 2–14 sm ny taho madinika. **Voankazo** miloko mena mangatsaka, lavalava boribory, mirefy 10–15 × 5–9.5 mm. **Vihy** mirefy 8.5–10 × 4–5.5 mm, ranoray ny atim-bihy.

Dypsis catatiana, Andohahela

Dypsis coriacea, Masoala

Dypsis spicata, Marojejy

Dypsis simianensis, Manombo

Dypsis simianensis, Manombo

Karazana mitovitovy aminy:

D. coriacea – satrapotsy tera-tany avy any anaty ala mandon'ny faritra avaratra, miavaka izy noho ny fananany ravina malama tsara toy ny hoditra ary tsy voloina, sy vondrom-bony henjana sy matevina kokoa. **D. lucens** – tahiry tokana avy any amin'ny Helodranon'Antongil no nahalalana azy, manana kira lehibe eo amin'ny kiran-dravina io karazana io. **D. simianensis** – satrapotsy marotsaka hita manerana ny toerana iva manaraka ny tazoan'ny faritra atsinanana, miavaka io karazana io noho izy manana ravina tsy voazarazara sy tendro triatra tsy dia lalina loatra. **D. integra** – miparitaka amin'ny toerana iva vitsivitsy manaraka ny tazoan'ny faritra atsinanana, miavaka io karazana io noho izy manana ravina tsy voazarazara ka somary boribory ny tendrony nefa triatra tsy dia lalina loatra **D. monostachya** – Rantabe sy Mandritsara ihany no toerana nahalalana azy, mitovy amin'ny D. catatiana io karazana io saingy 03 ny lahim-boniny fa tsy 06; misy fehezam-bolo miloko volo-tany manodidina ny vony hoentin'ny taho avy hatrany. **D. spicata** – Marojejy sy Anjanaharibe ihany no toerana nahalalana azy, mitovy amin'ny D. monostachya io karazana io saingy tsy misy ilay fehezam-bolo miloko volo-tany manodidina ny vony hoentin'ny taho avy hatrany, ary kely kokoa izy amin'ny ny an-kapobeny.

Dypsis forficifolia

Tsingovatra madinka

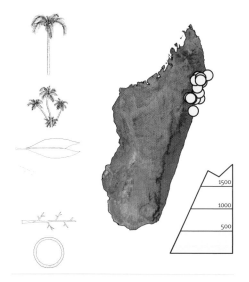

Ahafantarana azy:

- Satrapotsy tokam-paniry na mitangorina, mirefy 4 m.
- Ravina tsy voazarazara saingy manana tendro mizara 2.
- Vondrom-bony anatin'ny ravina, 2 sampana (mahalana no 3), fohy ny sampana.

Fampiasana azy
Tsy mbola fantatra.

Sata-piarovana
Tsy atahorana ho lany tamingana.

Toerana ahitana azy
Ala ambany toerana manamorona ny ranomasina na ambony havoana; 5–500 m ambonin'ny ranomasina.

Satrapotsy marotsaka, tokam-paniry na mitangorina; mirefy 4 m ny taho, miloko maitso antitra ny faritra manakaikin'ny tonony, miloko maitso tanora kosa ny faritry ny vaniny. **Ravina** mirefy 7–9 sm ny foto-dravina mitapelaka; tsy misy taho-dravina na misy fa mirefy 12 sm; mirefy 16–32 sm ny taho lehibe mitondra ny zana-dravina; mirefy 35 × 18 sm ny takela-dravina tsy voazarazara saingy manana tendro mizara 2 mazava, miainga eo amin'ny $1/3$ na $1/2$-n'ny halavan'ny takela-dravina ny fizarana, na misy zana-dravina miisa 2–6 isaky ny andanin'ny taho, mirefy 6–30 × 0.7–8 sm. **Vondrom-bony** anatin'ny ravina, 2 sampana (mahalana no 3), mirefy 2–4.5 sm ny taho madinika. **Voankazo** miloko mena, miova ho mainty, lavalava boribory, mirefy 15 × 9 mm eo ho eo. **Vihy** mirefy 14 × 6 mm, ranoray ny atim-bihy.

Dypsis forficifolia, Masoala

Dypsis lantzeana, Nosy Mangabe

Dypsis lantzeana, Masoala

Dypsis ambilaensis, Ambila-Lemaitso

Karazana mitovitovy aminy:

D. lantzeana – hita anaty ala any amin'ny faritra avo (350 m eo ho eo), mitovy amin'ny *D. forficifolia* io karazana io saingy miavaka izy noho fananany taho madinika mitondra ny vondrom-bony voloina.

D. remotiflora – tahiry tokana avy any anaty al'amorotsirakin'ny faritra atsimo atsinanana, Ambadikala, no nahalalana azy, mora fantatra avy hatrany izy noho ny sampam-bondrom-bony manify izay mitondra vony vitsivitsy sy mifanelanelana.

D. ambilaensis – fantatra fa avy any Ambila-Lemaitso, faritra amoron-dranomasina misy ala ambony fasika fotsy, mitovy tanteraka amin'ny *D. forficifolia* io saingy miavaka tsara raha didiana ny vony lahy. Ho an'ny *D. ambilaensis* dia mifanatrika amin'ny felam-bony ny lahim-bony miisa 03, ho an'ny *D. forficifolia* kosa dia mifanatrika amin'ny ravim-bony izy ireo. **D. laevis** – tahiry tokana avy tany Manombo Farafangana no nahalalana azy, mitovitovy amin'ny *D. ambilaensis* izy saingy miavaka io noho ny fananany sampam-bondrom-bony lava kokoa sy mazava tsara.

Dypsis interrupta

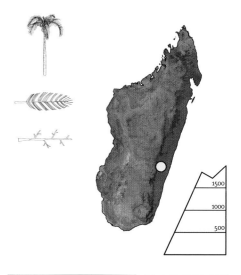

- Satrapotsy tokam-paniry, mirefy 3 m.
- Miavaka tsara ny fonom-batan-kazo ambony.
- Mitsitapitapy ny fipetraky ny vondron-jana-dravina izay mitovy elanelana.
- Vondrom-bony anatin'ny ravina, 2 sampana.

Fampiasana azy
Tsy mbola fantatra.

Sata-piarovana
Ambony taha-pahandringanana. Avy any Ifanadiana ihany no ahalalana azy.

Toerana ahitana azy
Ala ambony havoana; 510 m ambonin'ny ranomasina.

Satrapotsy tokam-paniry, mirefy 3 m. **Ravina** miisa 7, mihodina fipetraka; foto-dravina mitapelaka mazava tsara manome ny fonom-batan-kazo ambony, mirefy 19–20 sm; mirefy 9–12 sm ny taho-dravina; mirefy 64–70 sm ny taho lehibe mitondra ny zana-dravina, miisa 24–29 ny zana-dravina isaky ny andanin'ny taho, manify sy hety, mivondrona eo amin'ny faritra ambanin'ny ravina, mitovy elanelana eny ambony, mitovy elanelana anatin'ny vondrona, mifanaraka ny zana-dravina avy eo dia mifanelanelana indray. **Vondrom-bony** anatin'ny ravina, 2 sampana, mirefy 19–30 sm ny taho madinika. **Voankazo** tsy fantatra ny momba azy.

Mitovy amin'ny **D. sahanofensis**, saingy kely kokoa.

Dypsis interrupta, Ifanadiana

Dypsis louvelii

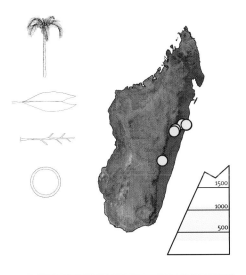

- Satrapotsy marotsaka, tokam-paniry, mirefy 1 m.
- Ravina manana tendro mizara roa lalina.
- Marotsaka ny vondrom-bony tokan-tsampana, fohy ny taho madinika.

Fampiasana azy
Tsy mbola fantatra.

Sata-piarovana
Marefo.

Toerana ahitana azy
Ala mando amin'ny toerana iva na ambony tendrombohitra, matetika anaty tanety; 300–1100 m ambonin'ny ranomasina.

Satrapotsy tokam-paniry, mirefy 1 m. **Ravina** miisa 5–10, mizara roa lalina; mirefy 6–7 sm foto-dravina mitapelaka; tsy misy taho-dravina na misy fa mirefy 2 sm; mirefy 19–50 sm ny takela-dravina, mirefy 10–25 × 1.5–4 sm ny fizaran'ny takela-dravina, na indraindray mizara 3 mifanety isaky ny andanin'ny taho **Vondrom-bony** anatin'ny ravina, tokan-tsampana (indraindray mifolaka ny sampana farany ambany), mirefy 1–4 sm ny taho madinika. **Voankazo** miloko mena misy mavo, lavalava boribory somary mivilana, mirefy 14 × 8 mm. **Vihy** mirefy 11 × 4 mm, ranoray ny atim-bihy.

Dypsis louvelii, Mantadia

D. mahia – avy any Manombo, Farafangana, no nahalalana azy, karazana mitovy aminy saingy mizara lalina kokoa ny ravina ary miisa 6 fa tsy 3 ny lahim-bony. **D. pulchella** – avy any Andasibe sy ambanin'ny Mangoro no nahalalana azy, karazana mitovy amin'ny *D. louvelii* saingy sahala amin'ny *D. mahia* izay manana lahim-bony miisa 6 fa tsy 3; samihafa ny halavan'ireo lahim-bony ka ny 3 lava kokoa.

Dypsis louvelii, Mantadia

Dypsis turkii

Sinkiaramboalavo

Ahafantarana azy:

- Satrapotsy tokam-paniry, marotsaka, hazo fohy manangona ravina efa maina sy lo, mirefy 1 m.
- Ravina tsy voazarazara, manana tendro mizara roa.
- Vondrom-bonty anatin'ny ravina, 2 sampana.

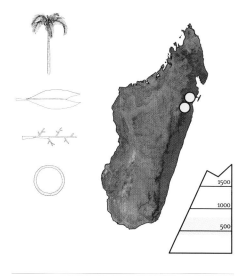

Fampiasana azy
Tsy mbola fantatra.

Sata-piarovana
Marefo.

Toerana ahitana azy
Ala any amin'ny faritra avon'ny afovoan-tany, antehezan-tendrombohitra na akaikin'ny lohasaha, 400–800 m ambonin'ny ranomasina.

Tokam-paniry, marotsaka, hazo fohy manangona ravina efa maina sy lo, mirefy 1 m, mety tsy ho tazana ny vatankazo. **Ravina** miisa 7–9; miloko mavo manompy maitso ny foto-dravina mitapelaka, mirefy 8–9 sm; tsy misy taho-dravina na misy fa mirefy 4 sm na mihoatra; mirefy 10–26 sm ny taho lehibe mitondra ny zana-dravina; tsy voazarazara ny takela-dravina, mizara roa ny tendro, mirefy 29 × 14 sm. **Vondrom-bony** anatin'ny ravina, marotsaka, miroborobo ny ravina, 2 sampana, marotsaka be ny taho madinika, mirefy 4–8 sm. **Voankazo** miloko mena, lavalava boribory, mirefy 14 × 8 mm. **Vihy** lavalava boribory, mirefy 11 × 4 mm, ranoray ny atim-bihy.

Dypsis turkii, Ambatovaky

Dypsis turkii, Ambatovaky

Dypsis humbertii

Ahafantarana azy:

- Hazo marotsaka, mirefy 1.2 m.

- Tsy voazarazara ny ravina, mizara 2 ny tendro na mizara zana-dravina mandeha tsiroaroa miisa 3–4.

- Vondrom-bony anatin'ny ravina, tokan-tsampana, mijaridina.

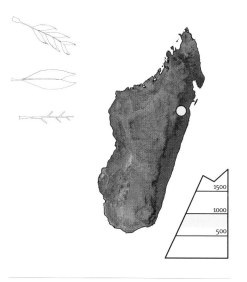

Fampiasana azy
Tsy mbola fantatra.

Sata-piarovana
Marefo.

Toerana ahitana azy
Ala mando an-tendrom-bohitra; 700–1000 m ambonin'ny ranomasina.

Taho mirefy 1.2 m ny. **Ravina** miisa 6–8; mirefy 7–9 sm ny foto-dravina mitapelaka; tsy misy taho-dravina na misy fa mirefy 7 sm; tsy voazarazara ny takela-dravina, mizara roa ny tendro, mirefy 20–35 × 12 sm, triatra ny tendrony ary tsy mihoatra ny $1/3$ ny halavan'ny ravina, na voazara ka manoe zana-dravina mihoatran'ny 3–4 isaky ny andanin'ny taho, mirefy 11–18 sm ny taho lehibe mitondra ny zana-dravina; mirefy 10–26 × 1.5–4 sm ny zana-dravina. **Vondrom-bony** anatin'ny ravina, mijaridina, tokan-tsampana, mirefy 6 cm ny taho madinika. **Voankazo** tsy dia fantatra loatra.

Dypsis angustifolia, Mahavelona

Dypsis pachyramea, Masoala

Dypsis pachyramea, Masoala

Dypsis angustifolia, Mahavelona

Karazana mitovitovy aminy:

D. angustifolia – satrapotsy madinika hita any amin'ny faritra amorontsiraka atsinanana, miavaka amin'ny *D. humbertii* noho izy manana ravina hety kokoa. **D. pachyramea** – hazo mateti-paniry anatin'ny ala ambany any Masoala, mitovy amin'ny *D. humbertii*, saingy mifanatrika amin'ny felambony fa tsy amin'ny ravim-bony ny lahimbony miisa 3, hita aorian'ny fandidiana ny vony io toetra mamaritra azy io.

Dypsis pinnatifrons

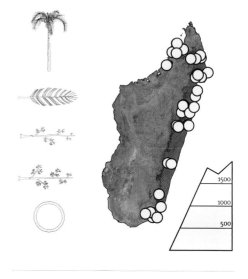

Ahafantarana azy:

- Satrapotsy tokam-paniry, mirefy 12 m.
- Goavana ny fonom-batan-kazo ambony, miloko maitso ary mibontsina.
- Vondrom-bony anatin'nhy ravina, 3–4 sampana.

Fampiasana azy
Fanamboarana fitsirika ny taho.

Sata-piarovana
Tsy atahorana ho lany taminganà.

Toerana ahitana azy
Ala mando ambonin'ny tendrombohitra na amin'ny toeran iva, tsy mampaninona azy loatra ny fahapotehan'ny toerana misy azy; 1000 m ambonin'y ranomasina.

Satrapotsy tokam-paniry, mirefy 12 m, mateza ary mivoiboitra manaraka ny sakany ny vatan-kazo rehefa mihalehibe. **Ravina** miisa 8–16, mihodina fipetraka, vaventy ny fonom-batan-kazo, miloko maitso ary mibontsina; mirefy 25–48 sm ny foto-dravina mitapelaka; tsy misy taho-dravina na matetika misy fa fohy, mahalana no mirefy 8–36 sm; mirefy 75–220 sm ny taho lehibe mitondra ny zana-dravina; miisa 22–46 ny zana-dravina isaky ny andanin'ny taho, 2–7 vondrona, mirefy 49 × 7.5 sm. **Vondrom-bony** anatin'ny ravina, 3–4 sampana, voarakotra volo miloko mena manompy volo-tany ny taho lehibe mitondra ny vondrom-bony, mirefy 4–45 sm ny taho madinika. **Vonankazo** lavalava boribory, miloko maitso mivadika volon-tany, mirefy 14 × 6.5 mm. **Vihy** mirefy 10 × 4 mm, ranoray ny atim-bihy.

Karazana mitovitovy aminy:

D. nodifera, miavaka izy noho ny lahim-bony miisa 6 sy atim-bihy voafariparitra ananany.

Dypsis pinnatifrons, Marojejy

Dypsis nodifera

Ovana, bedoda, tsirika, tsingovatra

Ahafantarana azy:

- Satrapotsy tokam-paniry mirefy 10 m.
- Miloko maitso tanora ny fonom-batan-kazo ambony.
- Mitanondrika ny tendron'ny zana-dravina.
- Telo sampana matetika ny vondrom-bony.

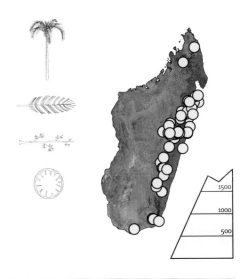

Fampiasana azy
Tsy mbola fantatra.

Sata-piarovana
Tsy atahorana ho lany tamingana.

Toerana ahitana azy
Ala mando an-tehezan-tendrombohitra, na al'amorotsiraka ambony fasika fotsy; 5–1440 m ambonin'ny ranomasina.

Satrapotsy tokam-paniry mirefy 10 m; miloko maitso tanora mipetina mena ny fonom-batan-kazo ambony. **Ravina** miisa 6–12, mihodina fipetraka; mirefy 12–30 sm ny foto-dravina mitapelaka; tsy misy taho-dravina na misy fa mirefy 28 sm na mihoatra; mirefy 24–75 sm ny taho lehibe mitondra ny zana-dravina; miisa (12–)23–59 ny zana-dravina isaky ny andanin'ny taho, 2–6 vondrona, miolana sy tsy miray zotra, mitanondrika ny tendro, mirefy 37 × 4.5 sm. **Vondrom-bony** anatiny na ambanin'ny ravina, 3 sampana, mazàna latsaky ny 2 na 4, mirefy (7–)12–34 sm ny taho madinika. **Voankazo** lavalava boribory, miloko maitso, mirefy 8–10 × 5–8 mm. **Vihy** lavalava boribory, mirefy 7.5 × 5.5 mm eo ho eo, voafariparitra lalina ny atim-bihy.

Dypsis nodifera

Karazana mitovitovy aminy:

D. pinnatifrons, miavaka izy noho ny lahimbony miisa 3 sy atim-bihy ranoray ananany.

Dypsis nodifera, hazo nambolena, Tsimbazaza

Dypsis procera

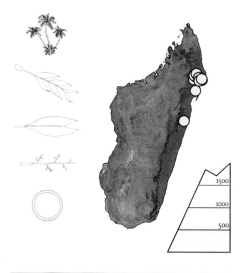

Ahafantarana azy:

- Satrapotsy mitangorina, mirefy 6 m.
- Tsy voazarazara ny ravina na voazarazara tsy mitovy.
- Vondrom-bony anatin'ny ravina, 2 sampana.

Fampiasana azy
Tsy mbola fantatra.

Sata-piarovana
Marefo.

Toerana ahitana azy
Ala mando ambany toerana, matetika hita amin'ny toerana marina, indraindray an-tehezan-tendrom-bohitra; 600 m ambonin'ny ranomasina.

Satrapotsy mitangorina (mahalana no tokam-paniry), mirefy 6 m, miparitaka izy noho ny fandadizan'ny taho, maniry anaty vondrona goragora. **Ravina** miisa 8 eo ho eo; mirefy 17–31 sm ny foto-dravina mitapelaka izy manome ny fonom-batan-kazo; mahalana no fohy ny taho-dravina, mirefy 10–25 sm matetika; mirefy 38–60 sm ny taho lehibe mitondra ny zana-dravina; tsy voazarazara ny takela-dravina ary mizara 2 ny tendro na voazarazara tsy mitovy ho 2–8 isa ka mety hisy zana-dravina, mirefy 50 × 8.5 sm.
Vondrom-bony anatin'ny ravina, 2 sampana, mirefy 15–50 sm ny taho madinika. **Voankazo** lavalava boribory raha mbola tanora, mirefy 7 × 3 mm.
Vihy manana atim-bihy ranoray.

Dypsis procera

Dypsis procera, Masoala

Dypsis paludosa, Ambatovaky

Karazana mitovitovy aminy:

D. paludosa – hita anaty ala honahona efa simba any amin'ny faritra avaratra atsinanana, ka indraindray an-teheza-tendrombohitra manakaiky io faritra io. Miisa 50 matetika ny taho madinika an'io karazana io, izay mifanohitra amin'ny an'ny *D. procera,* mahalana vao mihoatran' ny 18 isa.

D. mirabilis – tahiry vitsy avy any amin'ny faritra manakaiky an'i Marojejy ihany no nahafantarana azy, tokam-paniry fa tsy mitangorina ary tsy mahazatra ny fahitana ny voninkazo lahy, izay miavaka noho ny fisian'ny lahimbony miisa 3 sy 3 hafa fa bada, izay manakaiky ny vavim-bony bada.

Dypsis fasciculata

Ahafantarana azy:

- Satrapotsy tokam-paniry na mitangorina sady iva, mirefy 6 m.
- Voazarazra ny ravina, hety ny vondron-jana-dravina.
- Vondrom-bony anatin'ny ravina, 2 sampana.

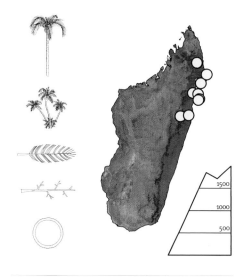

Fampiasana azy
Tsy mbola fantatra.

Sata-piarovana
Marefo.

Toerana ahitana azy
Al'amorotsiraka ambany toerana, matetika ambony fasika fotsy, mahalana vao hita ambony tany hafa; 5–225 m ambonin'ny ranomasina.

Satrapotsy tokam-paniry na mitangorina sady iva, mirefy 6 m. **Ravina** miisa 8 eo ho eo, lehibe ny fonom-batan-kazo ambony; mirefy 13–24 sm ny foto-dravina; mirefy 8–35 sm ny taho-dravina; mirefy 70–90 sm ny taho lehibe mitondra ny zana-dravina; miisa 11–23 ny zana-dravina isaky andanin'ny taho, mivondrona tsiroaroa hatramin'ny tsieninenina mazava tsara, mirefy 47 × 4 sm. **Vondrom-bony** anatin'ny ravina, 2 sampana, mirefy 20–50 sm ny taho madinika. **Voankazo** miloko maitso, mirefy 14 × 7.5 mm. **Vihy** mirefy 10 × 4 mm, ranoray ny atim-bihy.

Karazana mitovitovy aminy:

Mety miavaka amin'ny **D. nodifera** noho ireo zana-dravina vitsy sy vondrom-bony 2 sampana fotsiny.

Dypsis lokohoensis

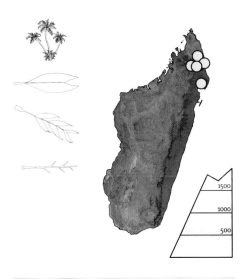

Ahafantarana azy:

- Satrapotsy iva sy mitangorina, mirefy 3 m.
- Tsy voazarazara ny ravina ary mizara 2 ny tendrony, na voazarazara.
- Vondrom-bony anatin'ny ravina, tokan-tsampana.

Fampiasana azy
Tsy mbola fantatra.

Sata-piarovana
Marefo. Avy any Marojejy ihany no nahafantarana azy.

Toerana ahitana azy
Toerana iva mando sy anaty ala mando ambony vohitra iva manana tehezana mitsatoka; 400–1200 m ambonin'ny ranomasina.

Satrapotsy iva sy mitangorina, mirefy 3 m. **Ravina** miisa 4–9; mirefy 6–12 sm ny foto-dravina mitapelaka; mirefy 2–9 sm ny taho-dravina; tsy voazarazara ny takela-dravina ary mizara 02 ny tendrony, na voazarazara ho 3–9 isa mitovitovy ary miha-mivondrona ny zana-dravina isaky ny andanin'ny taho, mirefy 8–33 sm ny taho lehibe mitondra ny zana-dravina; mirefy 24 sm ny takela-dravina tsy voazarazara, manana tendro mizara 2, voazarazara ny 65%-n'ny halavan'ny ravina, mirefy 14–15 × 4 sm ny fizaran'ny takela-dravina iray; mirefy 30 × 6 sm ny zana-dravina. **Vondrom-bony** anatiny na ambanin'ny ravina, tokan-tsampana (tena mahalana ny 2), mirefy 7–23 sm ny taho madinika. **Voankazo** tsy fantatra ny momba azy.

Karazana mitovitovy aminy:

Mety hifangaro amin'ireo karazana hafa avy any amin'ny faritr'i Marojejy.

Dypsis perrieri

Besofina, kase, menamosona, ovotsiketry

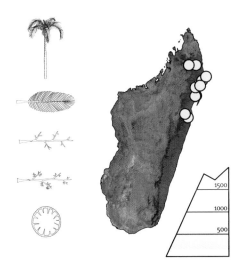

Ahafantarana azy:

- Satrapotsy vaventy, manangona ravina efa maina sy lo, mirefy 8 m.
- Misy ravina efa maty sy sisa-poto-dravina mitapelaka ny vatan-kazo.
- Miendrika "tandroka" lava sy vaventy ny fono-tahom-bondrom-bony lehibe, voarakotra volo matevina miloko mena.

Fampiasana azy
Fihinana ny ôvany.

Sata-piarovana
Marefo.

Toerana ahitana azy
Ala mando, an-tehezan-tendrombohitra mitsatoka, akaiky riana na anaty lohasaha; 150–800 m ambonin'ny ravina.

Satrapotsy tokam-paniry, mirefy 8 m ny vatan-kazo, misy ravina efa maty sy sisa-poto-dravina mitapelaka ny vatan-kazo; manangona sisan-dravina efa maina sy lo ny tampon-kazo. **Ravina** miisa 12–20; mirefy 1 m eo ho eo ny foto-dravina mitapelaka, voarakotra volo miloko mena ny ivelany; mirefy 40–160 sm ny taho-dravina; mirefy 3–3.5 m ny taho lehibe mitondra ny zana-dravina; miisa 45–50 ny zana-dravina isaky ny andanin'ny taho, mirefy 107 × 5.5 sm. **Vondrom-bony** anatiny na ambanin'ny ravina, 2 na 3 sampana, mirefy 15–50 sm ny taho madinika; lehibe ny fono-taho-bondrom-bony, miendrika "tandroka" lava sy vaventy (80–150 sm), voarakotra volo miloko mena sady matevina. **Voankazo** lavalava boribory, miloko maitso manompy volo-tany tsy dia mazava loatra, mirefy 15–19 × 12–16 mm. **Vihy** miendrika atody saingy fisaka ny ambony na lavalava boribory, mirefy 14–16 × 11–12 mm, voafariparitra ny atim-bihy.

Dypsis perrieri, Marojejy

Dypsis perrieri, Marojejy

Dypsis perrieri, Marojejy

Mitovy amin'ireo karazana hafa mpanangona ravi-maina toy ny *Masoala madagascariensis*; *Ravenea albicans* sy *Dypsis marojejyi*. Mora fantatra rehefa vaki-felana ny haben'ny fono-tahom-bondrom-bony miendrika "tandroka"sy voarakotra volo matevina sy miloko mena. Hatsiarovana ny karazana hafa, *Beccariophoenix madagascariensis,* ny endriky ny fonom-taho-bondrom-bony toy ny "tandroka", saingy samihafa na ny vony, na ny voankazo na ny hatevenan'ny volony **D. moorei** – Tanjon'antsinanan'i Masoala irery ihany no toerana nahitana azy, tena mitovy aminy io karazana io saingy lava kokoa ny taho-dravina, tokan-tsampana ihany ny vondrom-bony, tsy voloina ny sampana ary lava kokoa ny taho lehibe tsy misampana mitondra azy.

Dypsis dransfieldii

Fampiasana azy
Tsy mbola fantatra.

Sata-piarovana
Tandindonin-doza. Tany Masoala ihany no nahalalana azy.

Toerana ahitana azy
Al'amorotsiraka, an-tehezan-tendrombohitra; 2–20 m ambonin'ny ranomasina.

Satrapotsy mitangorina tsitelotelo hatramin'ny tsidimidimy, voarakotra volo miloko mena manompy volon-tany ny faritra ambonin'ny taho, mirefy 8 m 3–5; fohy sy mipoitra ivelany ny fakany. **Ravina** miisa 6–12, misy ravina maina efa maty tavela; voarakotra volo miloko mena manompy volo-tany ny foto-dravina mitapelaka, mirefy 36–48 sm; tsy misy taho-dravina, saingy misy saritsari-taho-dravina aorian'ny fahasimban'ny foto-dravina, mirefy 15–30 sm; mirefy 1.3–1.7 m ny taho lehibe mitondra ny zana-dravina; miisa 33–34 ny zana-dravina isaky ny andanin'ny taho, mirefy 62 × 3.2 sm. **Vondrom-bony** anatin'ny ravina, 2 sampana, mirefy 2–2.6 m, mihoatran'ny ravina ny faniriny; mirefy 18–32 sm ny taho madinika. **Voankazo** miendrika atody, mirefy 15–20 × 12–14 mm. **Vihy** mirefy 13 × 9 mm eo ho eo, voafariparitra ny atim-bihy.

Dypsis dransfieldii, Masoala

Dypsis dransfieldii, Masoala

Dypsis fibrosa

Vonitra, ravimbontro, vonitrandrambohitra

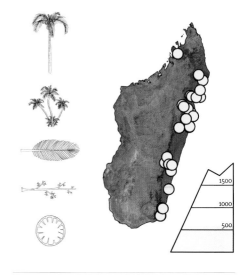

Ahafantarana azy:

- Satrapotsy tokam-paniry na mitangorina, mirefy 9 m.
- Misampana indray mandeha na in-droa mazàna ny vata-kazo, tadiana matevina ny faritra ambony.
- Vondrom-bony anatin'ny ravina, 3 sampana.

Fampiasana azy
Fanamboarana tafo bozaka ny ravina, fanamboarana kifafa ny vondrom-bony. Fangalana tady tamin'ny andro fahiny izy.

Sata-piarovana
Tsy atahorana ho lany tamingana.

Toerana ahitana azy
Ala mando anatin'ny faritra ambony na al'amorotsiraka an-tehezan-tendrombohitra mitsatoka na matetika an-tampo-tendrombohitra, hita ihany koa anaty ala ranta na anaty honahona ambony fasika fotsy; 5–800 m ambonin'ny ranomasina.

Satrapotsy tokam-paniry na mitangorina tsiroaroa hatramin'ny tsieninenina, mirefy 9 m; mirefy 9 m ny vata-kazo, 1 na 2 sampana (mahalana no 3), mahalana vao tsy misampana, tadiana ny faritra ambony. **Ravina** miisa 8–25, mihodina fipetraka, tsy mihitsana ny ravina maina efa maty; mirefy 40–60 sm ny foto-dravina, voloina miloko mena manompy volo-tany; mirefy 40–170 sm ny taho-dravina; mirefy 1.4–2 m ny taho lehibe mitondra ny zana-dravina; miisa 34–51 ny zana-dravina saky ny andaninin'ny taho, mirefy 71 × 4.3 sm. **Vondrom-bony** anatin'ny ravina, 3 sampana, mirefy 17–53 sm ny taho madinika. **Voankazo** miloko mainty, miendrika atody saingy fisaka ny faritra ambony na boribory, mirefy 20–30 × 18–25 mm. **Vihy** lavalava boribory, mirefy 20–23 × 15–18 mm, voafariparitra ny atim-bihy.

Dypsis fibrosa, Masoala

Dypsis fibrosa, Tolagnaro

Dypsis crinita, Masoala

Karazana mitovitovy aminy:

Ireto manaraka ireto dia *vonitra* no iantsoana azy:
D. nossibensis – ao Nosy Be ihany no misy azy;
tokam-paniry ary tsy misampana ny tahony. **D. crinita**
– mateti-paniry anaty al'amoron-drano any amin'ny
faritra avaratra atsinanana; lehibe sy vaventy kokoa
ny vondrom-bony ary misampana 2 monja. **D. utilis**
– hita anaty ala ambony tevana any Andasibe sy
Ranomafana ihany; manana vondrom-bony vaventy
3 sampana sy taho-bondrom-bony lava kokoa.
D. antanambensis – avy any Mananara Avaratra
ihany no nahafantarana azy; miavaka izy noho ny
fananany zana-dravina fohy manome zoro hety miala

avy aty amin'ny taho lehibe mitondra azy, sy
vondrom-bony tokan-tsampana fotsiny. **D. pusilla** –
avy any amin'ny faritra manodidina an'ny
Helodranon'Antongil no nahafantarana azy; *vonitra*
fonentana izy ary manana taho fohy tsy misampana
sy tadiana, tokan-tsampana ny vondrom-bony ary
mijaridina. Toa misy endrika 2 izy io, ny iray dia hita
manodidina ny Helodranon'Atongil izay manana
zana-dravina hety, fa ny iray hafa kosa dia hita any
atsinanan'i Masoala ary manana ny zana-dravina
misongadina tsara.

Dypsis fibrosa – ireo karazana mitovitovy aminy

Dypsis utilis, Mantadia

Dypsis antanambensis, Antanambe

Dypsis antanambensis, Antanambe

Dypsis pusilla, Antanambe

Dypsis pusilla, Antanambe

Dypsis pusilla, Antanambe

Dypsis aquatilis

Sinda

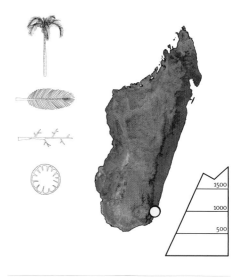

- Satrapotsy maniry anaty rano, tsy tazana ny tahony.
- Ravina miendrika "V".
- Lava taho ny vondrom-bony.

Fampiasana azy
Tsy mbola fantatra.

Sata-piarovana
Tandindonin-doza.

Toerana ahitana azy
Mitsingevana ambony renirano mikoriana miadana hita any atsimo atsinanana ny tapany ambony.

Satrapotsy maniry anaty rano, tsy tazana ny tahony. **Ravina** miisa 07 eo ho eo, somary mijaridina; fohy kely ny foto-dravina; mirefy 75 sm eo ho eo ny taho-dravina; mirefy 1.3 m ny taho lehibe mitondra ny zana-dravina; miisa 26 eo ho eo ny zana-dravina isaky ny andanin'ny taho, mitovy elanelana, anaty maritorerana iray, mirefy 35 × 1.5 sm. **Vondrom-bony** anatin'ny ravina, 2 sampana, misandrahaka ny taho madinika, mirefy 10–15 sm. **Voankazo** (tanora) miloko maitso, lavalava boribory, mirefy 10 × 5 mm. **Vihy** lavalava boribory, voafariparitra? ny atim-bihy.

Dypsis aquatilis, Manentenina

Ny ***Ravenea musicalis*** ihany no maniry amin'ny toerana mitovy aminy, saingy hita mazava sy mijaridina tsara ny vata-kazony.

Dypsis aquatilis, Manentenina

Dypsis thermarum

Fanikara

Ahafantarana azy:

- Satrapotsy marotsaka tokam-paniry na mivondrona, mirefy 2 m.
- Voazarazara ny ravina, vitsy, lava sy hety ny zana-dravina.
- Fohy ny taho madinika ary voarakotra volo miloko mena manompy volo-tany.
- Miloko vonim-boasary ny voankazo.

Fampiasana azy
Fanamboarana harato fanjonoana trondro ny taho.

Sata-piarovana
Vitsy.

Toerana ahitana azy
Ala mando ambony tendrombohitra, an-tehezan-tendrombohitra mitsatoka; 800–1400 m ambonin'ny ranomasina.

Satrapotsy tokam-paniry na mivondrona valo na mihoatra, mirefy 2 m. **Ravina** miisa 6 eo ho eo; mirefy 6–8 sm foto-dravina mitapelaka, miloko fotsy na maitso tanora kely manompy mavo, manome ny fonom-batan-kazo ambony mazava tsara; mirefy 4–14 sm ny taho-dravina; mirefy 8–14 sm ny taho lehibe mitondra ny zana-dravina; miisa 2–5 ny zana-dravina isaky ny andanin'ny taho, mirefy 35 × 2.5 sm. **Vondrom-bony** tokan-tsampana, na 2 sampana fa tena mahalana, mirefy 1.5–4 sm ny taho madinika, voarakotra volo miloko mena manompy volo-tany. **Voankazo** miloko volom-boasary, hety, maranitra ny tendrony roa, mirefy 11 × 4 mm. **Vihy** mirefy 7 × 3.5 mm, ranoray ny atim-bihy.

Karazana mitovitovy aminy:

Miavaka amin'ny **D. angusta** noho izy manana lahim-bony miisa 6 fa tsy 3. **D. linearis** avy any Soanierana-Ivongo dia manana vondrom-bony vitsy sampana sy madinika.

Dypsis thermarum, Ranomafana

Dypsis angusta

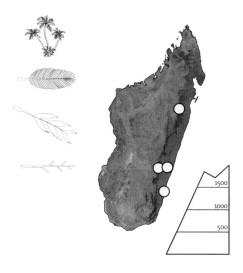

Fampiasana azy
Tsy mbola fantatra.

Sata-piarovana
Tandindonin-doza.

Toerana ahitana azy
Anaty ala mandon'atsinanana; 45–500 m ambonin'ny ranomasina.

Satrapotsy marotsaka mitangorina mirefy 2 m na mihoatra. **Ravina** mirefy 4–6; mirefy 5–7 sm ny foto-dravina mitapelaka, manome ny fonom-batan-kazo ambony, voasoritsoritra, voarakotra kira miloko volo-tany antitra; mirefy 3–12 sm ny taho-dravina; mirefy 10–29 sm ny taho lehibe mitondra ny zana-dravina; miisa 2–3 na 7–9 ny zana-dravina isaky ny andanin'ny taho, hety, mitovy elanelana ary mirefy 30 × 2.1 sm. **Vondrom-bony** anatin'ny ravina, fohy noho ny ravina, vitsy sampana 1(–2), fohy ny taho madinika ary, mirefy 2–7 sm. **Voankazo** tsy fantatra ny momba azy.

Dypsis angusta, Vatovavy

Dypsis glabrescens

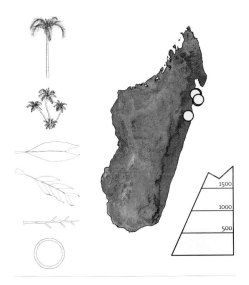

- Satrapotsy tokam-paniry, marotsaka na mitangorina, iva ary mirefy 3 m.
- Tsy vozarazara ny ravina ary afa-tsy ny tendro mizara 2, na misy zana-dravina mandeha tsiroaroa miisa 2–4.
- Vondrom-bony anatin'ny ravina, tokan-tsampana.

Fampiasana azy
Tsy mbola fantatra.

Sata-piarovana
Tandindonin-doza.

Toerana ahitana azy
Ala mando; tazana eny amin'ny lohasaha; 50–600 m ambonin'ny ranomasina.

Satrapotsy tokam-paniry, marotsaka na mitangorina, iva ary mirefy 3 m. **Ravina** miisa 5–6; mirefy 6–8 sm ny foto-dravina mitapelaka, voasoritsoritra; mirefy 1–12 sm ny taho-dravina; mirefy 9–19 sm ny taho lehibe mitondra ny zana-dravina; mirefy 33 sm ny takela-dravina tsy voazarazara afa-tsy ny tendro mizara 2, mizara hatreo amin'ny $^2/_3$-n'ny halavan'ny ravina ny ankamaroany, na misy zana-dravina mandeha tsiroaroa miisa 2–4 isaky ny andanin'ny taho, mirefy 26 × 2.8 sm. **Vondrom-bony** anatin'ny ravina, tokan-tsampana, mirefy 4–7 sm ny taho madinika. **Voankazo** miloko mena, miendrika atody, mirefy 13–15 × 10–11 mm. **Vihy** mirefy 10 × 6 mm, ranoray ny atim-bihy.

Karazana mitovitovy aminy:

Miavaka amin'ireo karazana madinika hafa izy noho ny fananany taho lehibe mitondra ny vondrom-bony fohy sy ny taho madinika miray zotra, vitsivitsy, lava sy mitovy habe.

Dypsis glabrescens, Mananara Avaratra

Dypsis delicatula

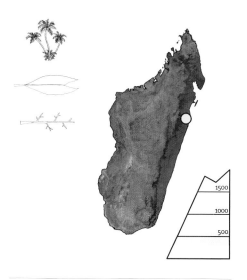

Fampiasana azy
Tsy mbola fantatra.

Sata-piarovana
Tandindonin-doza.

Toerana ahitana azy
Ala mando anaty toerana iva, ambony tendrombohitra, an-teheza-tendrombohitra sy anaty lohasaha; 300–600 m ambonin'ny ranomasina.

Satrapotsy marotsaka sy mitangorina, mirefy 1 m.
Ravina miisa 6–19, tsy voazarazara ny ravina afa-tsy ny tendro mizara 2; mirefy 1–4 sm ny foto-dravina mitapelaka; tsy misy taho-dravina na misy fa mirefy 3 sm; mirefy 8–14 sm ny taho lehibe mitondra ny zana-dravina; mirefy 10–18 sm ny takela-dravina, voazarazara ny $^1/_5 - ^1/_4$ n'ny halavany. **Vondrom-bony** marotsaka, anatin'ny ravina, 2 sampana, marotsaka ny taho madinika, mirefy 0.3 mm eo ho eo ny savaivo.
Voankazo tsy fantatra ny momba azy.

Dypsis delicatula

Karazana mitovitovy aminy:

D. viridis, saingy miavaka izy noho ny fananany taho madinika marotsaka tokoa.

Dypsis delicatula, Betampona

Dypsis viridis

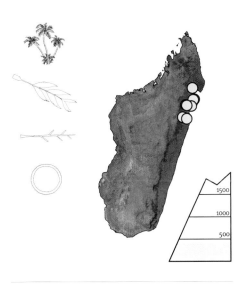

- Satrapotsy marotsaka, mitangorina, iva, mirefy 1.5 m.
- Zana-dravina mandeha tsiroaroa ary miisa 2–7, tsy mielanelana.
- Vondrom-bony tokan-tsampana, lava noho ny ravina.

Fampiasana azy
Tsy mbola fantatra.

Sata-piarovana
Marefo.

Toerana ahitana azy
Ala anaty toerana iva, sy ambony havoana; mihoatra ny 400 m ambonin'ny ranomasina.

Satrapotsy mitangorina, mirefy 1.5 m ny taho, miloko fotsy ivoara tanora ary mazàna voasoritsoritra mandry miloko maitso. **Ravina** miisa 6–7 eo ho eo; mirefy 5–6 sm ny foto-dravina, miloko fotsy ivoara tanora; mirefy 3–7 sm ny taho-dravina; mirefy 11 sm eo ho eo ny taho lehibe mitondra ny zana-dravina; miisa 2–7 ny zana-dravina isaky ny andanin'ny taho, tsy mitovy elanelana, mirefy 20 × 3.5 sm. **Vondrom-bony** 1(2) sampana, mirefy 1.2–6 sm ny taho madinika. **Voankazo** miloko mena, lavalava boribory, mirefy 10 × 5 mm. **Vihy** mirefy 7 × 5 mm, ranoray ny atim-bihy.

D. delicatula – hita pehy 144.

Dypsis viridis, Antanambe

Dypsis hildebrandtii

Ahafantarana azy:

- Satrapotsy marotsaka na mitangorina, iva ary mirefy 2 m.
- Tsy voazarazara ny ravina afa-tsy ny tendro mizara 2 na misy zana-dravina miisa 2 mandeha tsiroaroa.
- Vondrom-bony 2 sampana, maro sy voloina ny tahom-bondrom-bony madinika.

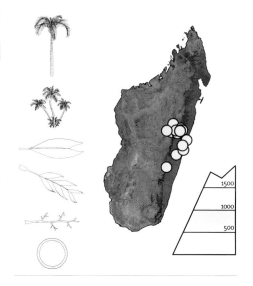

Fampiasana azy
Tsy mbola fantatra.

Sata-piarovana
Marefo.

Toerana ahitana azy
Havoana na tendrombohitra; matetika 700–1000 m ambonin'ny ranomasina, mahalana no ambonin'ny 300 m.

Satrapotsy tokam-paniry na mitangorina, mirefy 2 m, mahalana no 4 m. **Ravina** miisa 4–10; mirefy 5–10 sm ny foto-dravina mitapelaka manome ny fonom-batan-kazo lehibe na mazava tsara; tsy misy taho-dravina na misy fa mirefy 3 sm; mirefy 6–30 sm ny taho lehibe mitondra ny zana-dravina; mizara 2 ny tendron'ny takela-dravina, mirefy 21 × 9 sm, na voazarazara ho zana-dravina mandeha tsiroaroa miisa 2 (mahalana no 4) isaky ny andanin'ny taho, mirefy 22 × 3 sm, indraindray vao hita miaraka an-tampon-kazo ireo karazana ravina roa ireo; ravina tanora miloko somary mena. **Vondrom-bony** anatin'ny ravina, indraindray ihany koa hita ambanin'ny ravina amin'ny hazo iray, 2 sampana, marobe ny taho madinika, mirefy 20–50, 1.5–4(–7) sm, voarakotra volo miloko volon-davenona sy volo-tany. **Voankazo** miloko mena, lavalava boribory ary matevina ny afovoany, miha-tery eny amin'ny tendrony roa, mirefy 10 × 5.5 mm. **Vihy** mirefy 8 × 3.5 mm, ranoray ny atim-bihy.

Karazana mitovitovy aminy:

D. bosseri – hita any Mahavelona, miavaka noho izy lehibe afa tsy ny vondrom-bony somary misavoritaka.
D. furcata – avy any Mahanoro, ambanin'i Mangoro, izay manana ravina misy tendro mizara roa lalina.
D. lanuginosa – avy any Mangoro ambany, izay manana ravina lehibe tsy voazarazara afa-tsy ny tendro mizara roa sy tahom-dravina madinika voarakotra volo matevina toy ny volon'ondry.

Dypsis hildebrandtii, Andasibe

Dypsis mocquerysiana

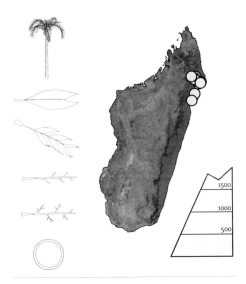

Ahafantarana azy:

- Hazo marotsaka, tokam-paniry, iva, mirefy 2 m.
- Tsy voazarazara ny ravina na mizara 2 ny tendro na misy zana-dravina 2 lehibe an-daniny iray na andaniny roan'ny taho lehibe mitondra azy.
- Maro am-pototra ny takela-dravina.
- Mijaridina fipetraka ambonin'ny ravina ny vondrom-bony sady fohy sampana.

Fampiasana azy
Tsy mbola fantatra.

Sata-piarovana
Marefo.

Toerana ahitana azy
Ala mando ambany toerana, matetika anaty lohasaha mando; 50–400 m ambonin'ny ranomasina.

Satrapotsy tokam-paniry, mirefy 2 m ny. **Ravina** miisa 4–8; mirefy 10 sm ny foto-dravina mitapelaka, voarakotra volo matevina sy miloko volo-tany matroka; tsy misy taho-dravina na misy fa mirefy 6 sm, voarakotra volo toy ny foto-dravina mitapelaka; mirefy 8–19 sm ny kiran-dravina/taho lehibe mitondra ny zana-dravina; tsy voazarazara ny takela-dravina ary mizara 2 ny tendro, mirefy 50 sm, 50%-n'ny halavan'ny ravina na 80% ny an-kamaroany no voazara, na mizara roa ny 50% na ny 80% ny halavan'ny ravina, na misy zana-dravina 2 lehibe an-daniny iray na an-daniny roan'ny taho lehibe mitondra azy. **Vondrom-bony** mijaridina fipetraka ambonin'ny ravina, 1–2 sampana; maro ny taho madinika, miisa 90 eo ho eo, fohy ary mahalana no mirefy mihoatra ny 4 sm. **Voankazo** miloko mena antitra, miendrika atody sady hety, mirefy 13 × 5.5 sm. **Vihy** mirefy 11 × 4 mm, ranoray ny atim-bihy.

Dypsis mocquerysiana

Karazana mitovitovy aminy:

Mampiavaka azy ny bikan'ny vondrom-bony.

Dypsis mocquerysiana, Masoala

Dypsis cookei

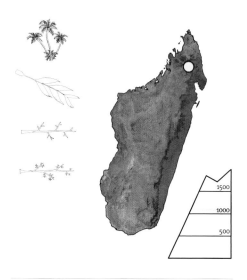

Ahafantarana azy:

- Satrapotsy marotsaka sy mitangorina ary mirefy 2 m.
- Miloko manga antitra mangirana ny zana-dravina.
- Vondrom-bony anatin'ny ravina, miloko mavokely midorehitra, 2–3 sampana.

Fampiasana azy
Tsy mbola fantatra.

Sata-piarovana
Tandindonin-doza.

Toerana ahitana azy
Ala amin'ny faritra ambanin'ny tendrombohitra misy tehezana mitsatoka; 1100 m ambonin'ny ranomasina.

Satrapotsy marotsaka sy mitangorina ary mirefy 2 m; malama sy miloko maitso ny taho. **Ravina** miisa 6–7, miloko maitso antitra mangirana; miloko maitso tanora ny foto-dravina mitapelaka, mipetina volomparasy rehefa tanora, mirefy 7 sm eo ho eo; mirefy 1–2 sm ny taho-dravina; mirefy 15–20 sm ny taho lehibe mitondra ny zana-dravina; miisa 6–8 ny zana-dravina isaky andanin'ny taho, mirefy 20 × 0.8 sm. **Vondrom-bony** anatin'ny ravina, miloko mavokely midorehitra, 2–3 sampana; mirefy 2–4 sm ny taho-dravina madinika. **Voankazo** tsy fantatra ny momba azy.

Dypsis cookei, Marojejy

Karazana mitovitovy aminy:

Tsy misy mitovy aminy.

Dypsis cookei, Marojejy

Dypsis beentjei

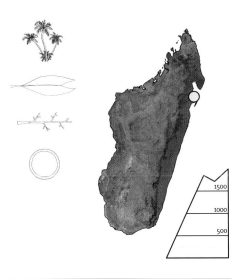

Ahafantarana azy:

- Satrapotsy mitangorina, tsy misy taho.
- Tsy voazarazara ny ravina afa-tsy ny tendrony mizara 2, miloko maitso antitra, misy tsipika afovoany miloko mavo.
- Vondrom-bony anatin'ny ravina, takona anatin'ny sisan-dravina efa maina sy lo ny ampahany, 2 sampana.

Fampiasana azy
Tsy mbola fantatra.

Sata-piarovana
Tandindonin-doza.

Toerana ahitana azy
Ala mando, anatin'ny rano manamorona ny renirano, ambony haram-bato; 250 m eo ho eo ambonin'ny ranomasina.

Satrapotsy mitangorina, tsy misy taho. **Ravina** miisa 9 eo ho eo, somary mijaridina; mirefy 7–9 sm ny foto-dravina mitapelaka; mirefy 55 sm na mihoatra ny taho-dravina; tsy voazarazara ny takela-dravina afa-tsy ny tendro mizara 2, mirefy 60 × 10 sm, fizarana mirefy 19 sm ary misy tendro matsokotsoko, miloko fotsy matroka tanora ny tsipika afovoany. **Vondrom-bony** anatin'ny ravina, takona anatin'ny sisan-dravina efa maina sy lo ny ampahany, 2 sampana; mirefy 3–5 sm ny taho-dravina madinika. **Voankazo** miloko mena misy mavo, somary miendrika atody na lavalava boribory, mirefy 17 × 10 mm. **Vihy** somary boribory lavalava, mirefy 9–10 × 5 mm, ranoray ny atim-bihy.

Dypsis beentjei, Antanambe

Karazana mitovitovy aminy:

Mety hifangaro amin'ireo karazana hafa.

Dypsis beentjei, Antanambe

Dypsis acaulis

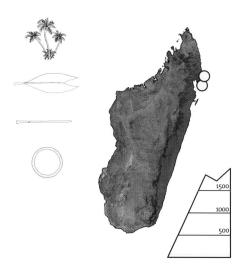

- Satrapotsy tsy misy taho.
- Tsy voazarazara ny ravina afa-tsy ny tendro mizara 2, miloko fotsy ny lafiny ambanin'ny takela-dravina.
- Vondrom-bony anatin'ny ravina, tsy misampana.

Fampiasana azy
Tsy mbola fantatra.

Sata-piarovana
Tandindonin-doza.

Toerana ahitana azy
Ala mando ambany toerana; 40 m ambonin'ny ranomasina.

Fohy kely ny taho, satrapotsy mitangorina matevina. **Ravina** tsy voazarazara, manana tendro mizara 2; mirefy 6 sm ny foto-dravina mitapelaka, misokatra ambany, voarakotra volo miloko mena manompy volo-tany sy kira miloko volo-tany matroka; mirefy 26 sm eo ho eo taho-dravina; mirefy 18 sm ny kiran-dravina afovoany, mirefy 45 sm ny takela-dravina, mirefy 28 sm eo ho eo ny fizaran'ny ravina, miloko maitso antitra ny lafiny ambony, fotsy kosa ny lafiny ambany. **Vondrom-bony** anatin'ny ravina, tsy misy sampana, mirefy 22 sm eo ho eo, mirefy 9 sm eo ho eo ny taho mitondra avy hatrany ny vony. **Voankazo** miloko mena antitra, matevina ny afovoany, matsoko tendro, mirefy 20 × 6 mm. **Vihy** mirefy 15 × 4 mm, ranoray ny atim-bihy.

Dypsis acaulis

Mety tsy misy mihitsy ny karazana hafa mitovy aminy noho ny fanambanin'ny ravina miloko fotsy.

Dypsis acaulis, Masoala

Ireo karazana mbola tsu tena fantatra tsare

Tsy mbola fantatra ny momba ireto karazana ireto: **Dypsis canescens**, **D. ramentacea**, **D. plurisecta** sy **D. thouarsiana**. Jereo ny boky "Palms of Madagascar" mba hiadian-kevitra ny amin'ireo.

Dypsis crinita, Mananara Avaratra

Lemurophoenix halleuxii

Hovitra varimena

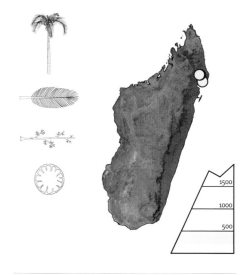

Ahafantarana azy:

- Satrapotsy vaventy mirefy 20 m.
- Vaventy sy miloko volon-davenona manompy mavokely ny fonom-batan-kazo ambony.
- Mizara roa ny tendron'ny zana-dravina.
- Vondrom-bony vaventy ambanin'ny ravina, 3 sampana.
- Miloko volo-tany ary mateza ny voankazo.

Fampiasana azy
Tsy mbola fantatra.

Sata-piarovana
Tsy tandindonin-doza.

Toerana ahitana azy
Ala mainty mando, an-tehezan-tendrombohitra mitsatoka, 200–450 m ambonin'ny ranomasina.

Satrapotsy vaventy tsy voaharo mirefy 20 m; mirefy 1 m eo ho eo ny savaivon'ny vatan-kazo, misy dian-dravina mitsipika mandry ny vatan-kazo; mirefy 1.5 m ny fonom-batan-kazo ambony,. Miloko maitso manompy mavokely ny foto-dravina mitapelaka raha mbola tanora, savohina fotsy sy misy kira miloko volo-tany matroka. Mirefy 25 sm eo ho eo ny taho-dravina, voarakotra kira mihitsana izay miloko volo-tany ary, mirefy 4 m ny taho lehibe mitondra ny zana-dravina; miisa 60 eo ho eo ny zana-dravina isaky ny andanin'ny taho, mitovy elanelana, mizara roa ny faritra manakaiky ny tendro, mirefy 95 × 6 sm. **Vondrom-bony** vaventy mirefy 2 m, ambanin'ny ravina, 3 sampana, mirefy 40 sm ny taho madinika. **Voankazo** miloko volo-tany, mirefy 5 sm eo ho eo raha masaka ny savaivo, boribory, marokoroko ny fonom-boankazo **Vihy**, atiny voafariparitra nefa tsy dia lalina ary mahalana.

Lemurophoenix halleuxii, Sahavary

Lemurophoenix halleuxii

Lemurophoenix halleuxii, Sahavary

Lemurophoenix halleuxii, Sahavary

Karazana mitovitovy aminy:

Raha misy voany na voniny dia tsy misy mitovy aminy; raha tsy misy na inona na inona kosa izy dia mifangaro amin'ny karazana *Dypsis* vaventy.

Karazana *Masoala*

Masoala madagascariensis, Masoala

Masoala madagascariensis

Hovotralanana, kase, mandanozezika

Ahafantarana azy:

- Satrapotsy mitolefika faniry manangona ravina efa maina sy lo, mirefy 10 m.
- Milentika anaty tany ny faka fa mipoitra ety ivelany.
- Lehibe ny faritra miendrika ravi-tsofina izay hita eo an-tendron-ny foto-dravina mitapelaka.
- Vondrom-bony anatin'ny ravina, 2 sampana.

Fampiasana azy
Fanamboarana tafo bongo; fihinana ny ôvany.

Sata-piarovana
Marefo.

Toerana ahitana azy
Ala mando ambany toerana, ala maina ambony havoana mihazo ny honahona anaty lohasaha, indraindray ambony haram-bato; 200–420 m.

Satrapotsy tokam-paniry, manangona ravina efa maina sy lo, mirefy 10 m. **Ravina** miisa 20–31, miendrika "V", henjana, mirefy 3–4 m, manangona ravina efa maina sy lo, milentika anaty tany ny faka fa mipoitra ety ivelany; mirefy 45–50 sm ny foto-dravina mitapelaka, misokatra, miloko maitso mazava, malama na misy kira miparitaka miloko volo-tany, misy faritra miendrika ravi-tsofina izay hita eo an-tendron'ny foto-dravina mitapelaka; tsy misy na mirefy 80 sm ny taho-dravina; mirefy 4 m eo ho eo ny taho lehibe mitondra ny zana-dravina; miisa 55–70 ny zana-dravina isaky ny andanin'ny taho, mirefy 117 × 5.6 sm. **Vondrom-bony** anatin'ny ravina, 2 sampana, mirefy 20–43 sm ny taho madinika. **Voankazo** miloko volo-tany manompy mavo, boribory, mirefy 24–25 × 18–19 mm. **Vihy** boribory milempona, mirefy 10–11 × 12–15 mm, ranoray ny atim-bihy.

Karazana mitovitovy aminy:

Raha tsy misy na inona na inona dia mifangaro amin'ny *Marojejya insignis*, saingy matetika no lehibe ny zana-dravina amin'io karazana io.

Masoala madagascariensis, Masoala

Masoala kona

Kona, kogne

Ahafantarana azy:

- Satrapotsy mitolefika faniry, manangona ravina efa maina sy lo, mirefy 9 m.
- Tafajanona eo amin'ny vata-kazo ny fototrin'ny ravina.
- Voarakotra volo miloko mena manompy volo-tany ny foto-dravina.
- Vondrom-bony anatin'ny ravina, 1 na 2 sampana.

Fampiasana azy
Raha atao anaty volo-tsangana ny ravina dia mety azo hatao fandri-baratra ho an'ny sasany.

Sata-piarovana
Tsy tandindonin-doza.

Toerana ahitana azy
Anaty ala mando hita ambony toerana tsy dia avo loatra misy ala mando; an-tehezan-endrombohitra mitsatoka na somary malefaka na koa manamorona ny tampo-tendrombohitra, ambony fasika/na vato "quartz"; 450–550 m ambonin'ny ranomasina.

Satrapotsy tokam-paniry, manangona ravina efa maina sy lo, mirefy 9 m, tafajanona ny fototrin'ny ravina. **Ravina** miisa 13–17, mijaridina ny an-kamaroany, miara-maty ny ravina miisa 5–15; mirefy 28 sm ny foto-dravina mitapelaka, miloko mavo manompy volo-tany ary voarakotra volo matevina miloko mena manompy volo-tany ny faritra ambany; tsy misy taho-dravina; mirefy 2.8–4.5 m ny taho lehibe mitondra ny zana-dravina; miisa 6–15 ny zana-dravina isaky ny andanin'ny taho, mirefy 250 × 24 sm. **Vondrom-bony** anatin'ny ravina, 1 na 2 ny sampana, mirefy 22–60 sm ny taho madinika. **Voankazo** lavalava boribory, mirefy 25–40 × 12–14 mm.

Karazana mitovitovy aminy:

Raha tsy misy vondrom-bony dia mifangaro amin'ny *Marojejya insignis*.

Masoala kona, Ifanadiana

Masoala kona, Ifanadiana

Karazana *Marojejya*

Marojejya insignis, Andohahela

Marojejya insignis

Beondroka, betefoka, besofina, fohitanana,
hovotralanana, kona, mandanzezika,
maroalavehivavy, menamoso, vakaka

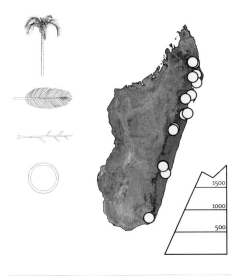

Ahafantarana azy:

- Satrapotsy vaventy managona ravina efa maina
  sy lo.
- Somary voazarazara ny ravina ary mirefy 5 m.
- Vondrom-bony miafina anatin'ny fototry ny
  ravina, tokan-tsampana.

Fampiasana azy
Fihinana ny ôvany.

Sata-piarovana
Marefo.

Toerana ahitana azy
Ala mando ambany toerana mihazo ny havoana tsy
dia avo loatra; ambony toerana mikitoatoana na
tehezan-tendrombohitra mitsatoka; (70–)350–1150 m
ambonin'ny ranomasina.

Satrapotsy tokam-paniry; mirefy 8 m ny vatan-kazo,
voarakotra foto-dravina/taho-dravina tafajanona,
matetika miolakolana ireo faka hita maso.
Ravina miisa 15–20, mirefy 4–5 m, miendrika "V";
mirefy 40–94 sm ny foto-dravina, malama, misy na
tsy misy faritra mitapelaka toy ny ravi-tsofina; mirefy
0–143 sm ny taho-dravina; mirefy 3–6 m ny taho
lehibe mitondra ny zana-dravina; *na* tokan-dravina
ny $^1/_4$-ny halavan'ny ravina ary voazarazara ny ambiny
ambony ka miisa 30–60 ny zana-dravina isaky ny
andanin'ny taho, *na* voazarazara mitovy ny ravina ary
manana zana-dravina miisa 59–84 isaky ny andanin'ny
taho, mirefy 120 × 5 sm. **Vondrom-bony** anatin'ny
ravina, miafina anatin'ny foto-dravina mitapelaka,
tokan-tsampana, mirefy 5–20 sm ny taho madinika,
somary mitangorina; ny an'ny lahy miloko mena
mangatsaka ny vony, ny an'ny vavy kosa miloko
maitso miha-fotsy matroka. **Voankazo** miloko mena
matroka mivadika mainty, miendrika atody tsy dia
voarafitra tsara ary fisaka ny ambony, mirefy 18–21
mm. **Vihy** somary boribory, mirefy 9–15 mm, ranoray
ny atim-bihy.

Marojejya insignis, Andohahela

Karazana mitovitovy aminy:

Mifangaro amin'ny *Masoala* raha tsy misy
vondrom-bony.

Marojejya darianii

Ravimbe

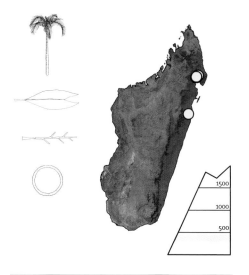

Ahafantarana azy:

- Satrapotsy salasalany, tokam-paniry.
- Tsy voazarazara ny ravina, mirefy 5 m.
- Misy kira miloko fotsy ny foto-dravina ary manana faritra mitapelaka toy ny ravi-tsofina.
- Vondrom-bony takona anatin'ny ravina, tokan-tsampana.

Fampiasana azy
Tsy mbola fantatra.

Sata-piarovana
Ambony taha-paharinganana.

Toerana ahitana azy
Honahona anaty lohasaha sy ala mando anaty faritra mando midadasika; 290–450 m ambonin'ny ranomasina.

Satrapotsy tokam-paniry mirefy 15 m; voafonon'ny fototry ny ravina ny vatan-kazo vao tanora.
Ravina miisa 20–30, mijaridina, tsy voazarazara, mizara 2 ny tendro, voazarazara sy voatsipitsipika; miloko maitso sy mitapelaka tsara toy ny "ravi-tsofina" ny foto-dravina; tsy misy taho-dravina; voarakotra kira miloko fotsy ny faritra ambanin'ny taho lehibe mitondra ny zana-dravina. Mirefy 3.5–5 × 1–1.2 m.ny takela-dravina. **Vondrom-bony** anatin'ny ravina, misampan-tokana; mirefy 10–25 sm ny taho madinika, mitangorina. **Voankazo** miloko mena, somary miendrika atody, mirefy 20–25 × 15–22 mm. **Vihy** somary miendrika atody, mirefy 20–23 × 12–15 × 10–12 mm; ranoray ny atim-bihy ary misy triatra.

Marojejya darianii, Sahavary

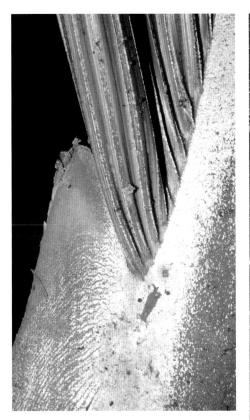

Marojejya darianii

Marojejya darianii, Sahavary

Marojejya darianii, Sahavary

Karazana mitovitovy aminy:

Mety tsy misy mitovy aminy.

Beccariophoenix madagascariensis

Manarano, manara, maroala, sikomba

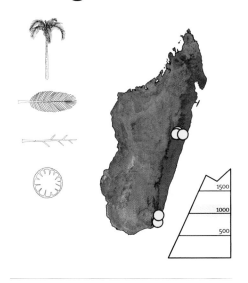

Ahafantarana azy:

- Satrapotsy tokam-paniry mirefy 12 m.
- Feno tsipika mandry manify ny vatan-kazo tsy poakaty.
- Miendrika "tandroka" lava sy vaventy ny vondrom-bony.
- Voankazo miloko volomparasy manompy volon-tany, manana endrika atody.

Fampiasana azy
Fanaovana satroka ny ravina mbola tanora, fanamboarana trano. Fihinanana ny ôvany.

Sata-piarovana
Ambony taha-paharinganana.

Toerana ahitana azy
Ala mando ambony vohitra, manamorona tampon-tendrombohitra, (100–)900–1200 m ambonin'ny ranomasina; ambony fasika fotsy ihany koa, 20 m eo ho eo ambonin'ny ranomasina.

Satrapotsy tokam-paniry mirefy 12 m; feno tsipika mandry manify ny vatan-kazotsy tsy poakaty; mafy ny hazo. **Ravina** miisa 11–30, mijaridina, mirefy 3.5–5 m, voazarazara; mirefy 80–160 sm ny foto-dravina mitapelaka; tsy misy ny tena taho-dravina; miisa 100–130 ny zana-dravina isaky ny andanin'ny taho, mitovy elanelana, mirefy 176 × 4.5 sm.
Vondrom-bony vaventy, anatin'ny ravina, maro isaky ny hazo, miendrika "tandroka" lava sy vaventy raha mbola tsy misokatra, misampan-tokana raha misokatra, mirefy 40–60 sm ny taho madinika.
Voankazo miloko volomparasy manompy volon-tany, voloina, manana endrika atody, mirefy 35 × 25 mm.
Vihy manana atiny voafariparitra lalina.

Beccariophoenix madagascariensis, Mantadia

Beccariophoenix madagascariensis, Mantadia

Beccariophoenix madagascariensis, Sainte Luce

Beccariophoenix madagascariensis

Beccariophoenix madagascariensis, Ranomafana Est

Karazana mitovitovy aminy:

B. sp. – fantatra fa avy any anaty lohasaha ao atsimo andrefan'Antsirabe, miavaka izy noho ny fananany vondrom-bony ambanin'ny ravina, fono-tahom-bondrom-bony lehibe izay somary manify ary voankazo lavalava boribory.

Voanioala gerardii

Voanioala

Ahafantarana azy:

- Tokam-paniry.
- Vatan-kazo mikitohatohatra noho ireo tsipika mandry manify eo aminy.
- Tsy misy taho-dravina.
- Triatra ny tono-tahom-bondrom-bony lehibe.
- Lehibe ny voankazo ary triatra ny atiny "voanjo".

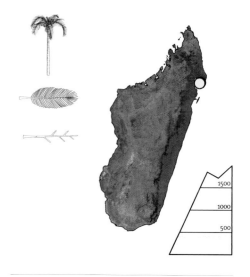

Fampiasana azy
Fihinana ny ôvany.

Sata-piarovana
Ambony taha-paharinganana.

Toerana ahitana azy
Ala mainty anaty lohasaha misy honahona sy an-tehezan-tendrombohitra malefaka; 400 m eo ho eo ambonin'ny ranomasina.

Satrapotsy tokam-paniry; mirefy 20 m ny vatan-kazo, mikitohatohatra noho ireo tsipika mandry manify eo aminy, mibontsina ny faka ary lehibe. **Ravina miisa** 15–20, mirefy 5 m; miendrika tioba amin'ny voalohany ny foto-dravina, tadiana, miendrika telozoro ny fototrin'ny ravina tafajanona aorian'ny fahasimbany, ka manome taho-dravina tsy tena izy izay mirefy 1.5 m; tsy misy ny tena taho-dravina; miisa 70 eo ho eo ny zana-dravina isaky ny andanin'ny taho, mirefy 150 × 7 sm, tsy mitovy ny tendron'ny zana-dravina. **Vondrom-bony** anelanelan'ny ravina, mirefy 1.5 m, tokan-tsampana; triatra lalina ny ankamaroan'ny fono-taho-dravina lehibe; miisa 60 eo ho eo ny taho madinika, mirefy 50 sm. **Voankazo** lehibe, manompy mena, mirefy 7–8 × 4–5 sm; triatra lalina ary misy "maso" 3 ny fototry ny fonom-boankazo anatiny indrindra, triatra tsy mitovy kosa ny ao anatiny. **Vihy** lavalava boribory, mirefy 4 × 2 sm; ranoray ny atim-bihy saingy tafiditra anatin'ny nofom-boankazo ny fonony.

Voanioala gerardii, Masoala

Voanioala gerardii, Masoala

Voanioala gerardii

Voanioala gerardii

Karazana mitovitovy aminy:

Tsy misy mitovy aminy raha misy voniny na voankazony.

Cocos nucifera

Ahafantarana azy:

- Satrapotsy tokam-paniry manodidina tanàna.
- Lehibe ny voankazo.
- Misy maso 3 ary be rano ny atiny "voanjo".

Fampiasana azy
Fanamboarana harona ny zana-dravina. Fihinana ny voankazo.

Sata-piarovana
Tsy atahorana ho lany tamingana.

Toerana ahitana azy
Anaty vondron-javamaniry manamorona rano; ambony lembalemba rako-drano mandritrin'ny orana; manamorona ranomasina.

Satrapotsy tokam-paniry mirefy 20–30 m.
Ravina betsaka, miolaka fipetraka, mirefy 4–5 m.
Vondrom-bony anatin'ny ravina, mirefy 1.5 m, tokan-tsampana, mirefy 35 sm ny taho madinika.
Voankazo mirefy 25 × 20 sm, misy sosona tadiana matevina ny atiny "voanjo".

Karazana mitovitovy aminy:

Tsy misy mitovy aminy.

Cocos nucifera, Sainte Marie

Elaeis guineensis

Ahafantarana azy:

- Satrapotsy tokam-paniry, vaventy ary mirefy 20 m.
- Miisa 40–50 isaky ny tampon-kazo ny ravina tsiloina ifotony.
- Voankazo miloko vonim-boasary mazava.

Fampiasana azy
Fanamboarana menaka ho an'ny faritra anatin'ny Tropika. Voafetra ny fampiasana azy eto Madagasikara.

Sata-piarovana
Tsy atahorana ho lany tamingana.

Toerana ahitana azy
Antsisin-tanàna, anaty lohasaha, mihoatra ny 500 m eo ho eo ambonin'ny ranomasina toy ny zavamaniry voajanahary.

Satrapotsy tokam-paniry, vaventy ary mirefy 20 m; vatan-kazo mibontsina ifotony ary voarakotrin'ny fototry ny ravina sisa tavela, raha mbola tanora. **Ravina** miisa 40–50 eo ho eo, mirefy 7.5 m; mateza, lava sy tadiana matevina miloko volo-tany ny fototry ny ravina, ary feno tsilo maranitra matsoko an-tendro; mirefy 1.2 m ny taho-dravina tsy tena izy, voaharo tsilo mibontana ifotony ny faritra ambony; miisa 100–150 ny zana-dravina isaky ny andanin'ny taho, tsy mitovy elanelana, anaty 2 maritoerna, mirefy 120 × 8 sm. **Vondrom-bony** lahy sy vavy misaraka fa iray foto-kazo, tokan-tsampana, matevina. **Voankazo** miloko vonim-boasary mazava, mirefy 3 × 2 sm eo ho eo. **Vihy** mirefy 2 × 1.5 sm eo ho eo.

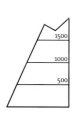

Karazana mitovitovy aminy:

Tsy misy mitovy aminy.

Boky nanovozan-kevitra

Missionnaires Catholiques de Madagascar. 1855. Dictionnaire Français Malgache.

Rev. J. Richardson. 1855. A New Malagasy English Dictionary.

Centre des Langues — Office National des Langues. 2000. Vocabulaire mer et littoral, Français Malgache. Antananarivo.

Boky tsara vakiana

Dransfield J. & Beentje H.J. 1995. The palms of Madagascar. Royal Botanic Gardens Kew & the International Palm Society.

Goodman S.M. & Benstead J.P. 2003. The natural history of Madagascar. University of Chicago Press.

Uhl N.W. & Dransfield J.D. 1987. Genera Palmarum. A classification of palms based on the work of Harold E. Moore Jr., L.H. Bailey Hortorium and International Palm Society, Allen Press, Kansas.

Fanoroana ireo anarana amin'ny teny Malagasy

Fanoroana ireo anarana siantifika